CRITICAL

批判性思维

改变思维定式，作出聪明决策

李世强 · 著

中国纺织出版社有限公司

THINKING

内 容 提 要

人们乐于接受别人接受的观点，而不是停下来思考是否有理由支持该观点。所谓批判性思维，就是对世俗的标准思维进行改善，合理的、反思性的思维。批判性思维理论上说起来很复杂，但执行起来其实并不困难，只需要人们关注自己的思维过程，不断对其进行反省和调整。本书带领读者从成长、情绪、交际、生活、职场、管理、销售和谈判等多个方面认识批判性思维，让读者了解在各种情况下如何开展批判性思维，改变思维定势，学会独立思考，作出更聪明的决策。

图书在版编目（CIP）数据

批判性思维：改变思维定式，作出聪明决策 / 李世强著. --北京：中国纺织出版社有限公司，2020.9

ISBN 978-7-5180-7553-9

Ⅰ. ①批… Ⅱ. ①李… Ⅲ. ①思维方法—研究 Ⅳ. ①B804

中国版本图书馆CIP数据核字（2020）第111823号

策划编辑：郝珊珊　　责任校对：韩雪丽　　责任印制：储志伟

中国纺织出版社有限公司出版发行

地址：北京市朝阳区百子湾东里A407号楼　邮政编码：100124

销售电话：010—67004422　传真：010—87155801

http：//www.c-textilep.com

中国纺织出版社天猫旗舰店

官方微博http：//weibo.com/2119887771

北京通天印刷有限责任公司印刷　各地新华书店经销

2020年9月第1版第1次印刷

开本：880×1230　1/32　印张：6

字数：168千字　定价：42.80元

前言 preface

人们总喜欢通过世俗的标准思维对他人进行评价，殊不知，时代在发展，社会在进步，适用于上一个年代的标准，放在如今也许就会被称为“过时”，这时就需要用到批判性思维。所谓批判性思维，就是对世俗的标准思维进行改善，形成合理的、反思性的思维。

我们这个时代，有太多的世俗思维，也太缺乏批判性思维。如到了一定年龄，家里催婚。好像二十多岁时你还没有结婚的话，你就是有缺陷，你的人生就要完了。而批判性思维就是要告诉我们，每个人的人生都不相同，二三十岁时对于有的人也许结婚是他们的头等大事，但对于另一些人，事业或者眼界才是这个年纪最应该为之奋斗的。那我们就要怀着批判性思维，对世俗的标准说“NO”，勇敢地走自己选择的那条路。

在讲批判性思维前，我们先来说说什么是思维。心理学上是这样定义思维的：借助语言、表象或动作实现的，人脑对客观事物概括和间接的认识，是认识的高级形式。

人与人的本质差别，在于思维模式的不同。思维模式，是我们惯有的认知结构存在于我们大脑中的链接。

它是我们面对一件事物，通过直觉来进行判断和反应的结果。同时，它也在潜移默化中操纵着我们的行为，影响着我们的生活。

而批判性思维就是对上面说的这种思维模式进行评估和重新认识。我们在学习时，大多是填鸭式教育，让你死记硬背。在思维当中也理所应当地认为，就该多读多背多写，俗话说“好记性不如烂笔头”。但批判性思维却说需要你先对自己的学习有一个全新的认识，产生自己独特的见解，再把你的认知告诉周边的人，让老师、同学、朋友对你的新认知提出批判性的评论，你再通过他们的反馈不断地进行完善与反思。

批判性思维理论上说起来很复杂，但执行起来，其实并不困难。本书就带读者认识批判性思维，让读者了解在出现问题的情况下如何运用批判性思维。本书通过深入浅出的方式，以理论加案例的模式，为读者进行全方位的剖析。通过阅读本书，相信大家可以对批判性思维有一个全新的认知，更希望每一位读者能够把批判性思维运用到生活和工作当中，让它在你的人生中起到积极的作用，伴你翻开更加辉煌的篇章。

目录 Contens

第一章 批判性思维，让你成为更优秀的自己

人生没有固定模式，为自己开辟一条新的道路

从小我们就被教育“做事要守规矩”，在我们的传统观念中，这更像是一种普世价值，因为做事守规矩才比较受人欢迎，以至于在现实生活中，许多人都会严格按规矩办事。但是，你也会发现，那些在职场与商界混得风生水起的人，又有哪个是经常按常规套路出牌的？

有些人，做事认真，人品也不差，但是在工作中默默无闻，很难成为佼佼者。有些老板，做事守规矩，也很讲信誉，但是公司却开不下去。这些人身上有一个共同的特点，就是他们被太多的条条框框束缚住了。结果呢，你按套路出牌，别人很容易猜到你的套路，从而让自己的发展之路充满曲折。

某君人很机灵，一次，他去一家理发店理发，店里一个客人也没有，但是店外播放的音乐声很响。看得出来，理发店生意不怎么样。见有客人上门，几个店员也是不冷不热的，一直在聊天。

理完发，有个店员为他冲洗，问他：“你是第一次来我们这里理发吧，感觉怎么样？”

某君说："好坏无所谓。"

店员愣住了，一时不知该说什么，顿了一会儿，说："大哥，这是不按常理出牌啊！来我们店里的客人，大多都会说'挺好的'，也有些人会说'不好'。"

听了他的话，某君心里乐了。

其实，某君的回答挺妙的。为什么？因为他不按常理出牌。经验告诉他：如果他回答"很好"或者"棒极了"，对方就会顺着他的话，向他推荐为他服务过的理发师。话术逻辑往往是：这位理发师如何如何了得，我们现在有活动，充1000送500，超实惠……这样，客人就会进入他的营销套路。如果回答"不好"呢？对方就会建议客人换个发型，或是进行一些特殊的护理，或是根据个人的情况再设计一个新的造型……但是，某君的一句"好坏无所谓"却巧妙地回避了这些问题。

平时，我们理完发后，经常会产生这样的疑问：同样的理发师，为什么给自己理得不好，而给别人理得好看呢？即使要怪，也会怪理发师的水平差，从不会怪自己的脑袋长得不合适。有些理发店的工作人员会与顾客争吵，基本都是因为顾客抱怨理发师没理好，而理发师也不会承认自己的水平差，往往会怼顾客说："要怪也只能怪你的脑袋没长好。"

所以，很多时候，不按套路出牌就是最好的套路，尤其是在心理博弈中，当对手惯性地认为，接下来你将会做出某种反应时，为了争取主动，你可以打破固有思维，反向思考问题。

在一次篮球锦标赛中，A队与B队相遇。当比赛还剩下8秒时，A队以2分优势领先，按理说，A队可以稳操胜券。但是，那次锦标赛采用的是循环制，A队至少要赢6分才能胜出。可要用仅剩的8秒钟再赢4分，似乎有些不可能。

这时A队教练突然请求暂停。暂停后比赛继续进行，球场上出现了令人意外的一幕，只见A队球员突然运球向自己的篮下跑去，并迅速起跳投篮，球应声入网。全场观众目瞪口呆，比赛时间到。可当裁判员宣布双方打成平局，需要加时赛时，大家才恍然大悟。

A队出人意料的战术，为自己创造了一次起死回生的机会。加时赛的结果是，A队赢了6分，如愿以偿地出线了。

在这个案例中，A队教练在遵守规则的前提下不墨守成规，而是突破固有思维，化被动为主动，最终成功出线，真是令人拍案叫绝。

在现实生活中，如果你能意识到自己的惯性思维，那么在下次遇到问题时，不妨尝试着做出一些改变。有位艺术大师指出：“创造之前必须先破坏。”破坏什么呢？破坏传统观念和传统规则。面对瞬息万变的环境，只有敢于挑战规则，打破常规，才能在竞争中争取机会与主动权，才能有更多的出路。

跳出正常思维，学会正奇之间的变化

世间所有的事物都处于不断的变化之中，“乱生于治，怯生于勇，弱生于强”。这是《孙子兵法》中对事物转化所做的表述。而“奇正之变，不可胜穷也”就是人们对于种种变化所采取的方法和手段。以兵家来说，作战的方法不过是“正”和“奇”两种。但这正奇之间的变化却是无穷无尽的，就像太极一样，阴阳两极顺着太极圆球旋绕，无始无终，也不可能绝对把它定性。

随着全球经济的高速发展，现代社会中各种各样的新事物、新观念就像市场上的各色货品一样层出不穷，而这些新的东西、新的变化之间总是相互竞争、相互比较。而生活就像长江之水一样一浪推着一浪前进，它永远在变化着，永不停止。这时如果你不知道变通，只是以以往的迟钝和保守的眼光看问题、看生活，就必然会被变化着的新生活抛在后面，成为“不识时务”“不合时宜”的人。这时你就要学会正奇之间的变化。

一个会计专业刚毕业的女大学生，到一家大公司应聘财务工作。因为公司需要有丰富工作经验的会计人员，而刚毕业的大学生太年轻了，所以她在面试时就遭到了拒绝，无缘接下来的专业知识笔试。但大学生并没产生放弃的念头，而是一再恳请主考官：“希望您能再给我一次机会，让我把笔试做完。”实在没办法的主考官只好答应了她的请求。

结果大学生顺利通过了笔试，并拿到了第一的成绩。接下来的复试是与人事经理对话。那位人事经理对笔试成绩最好的大学生很有好感，但人事经理听说女大学生只在学校负责过学生会财务却没有何工作经验时，有些失望。因为公司不愿意去找一个没有工作经验的人来做财务会计。于是他敷衍地说："今天就到这里，如果有消息我会打电话通知你的。"

女大学生站起来点点头，然后从包里拿出一元钱，双手递给人事经理，说："不管我有没有被录取，都请您打个电话给我。"

女大学生这一神来之笔让人事经理一下子呆住了。他从来没见过这种情况，但他还是很快地问："你怎么知道我不会给没有录用的人打电话？"

女大学生回答说："刚才您说有消息就打电话，言外之意是没消息自然就不打了。"这时，人事经理对这个有惊人之举的女大学生产生了浓厚的兴趣。于是他接着问道："如果你没有被录取的话，你希望知道些什么呢？"女大学生平静地回答说："请告诉我，我在什么地方没达到公司的要求，哪些方面不好，这样我好改进。""那一元钱……"人事经理疑惑地开口问。女大学生没等他说完就笑着解释说："给没被录用的人打电话不是公司正常开支，所以我支付电话费，请您一定要打。"

听完女大学生的解释，人事经理马上笑着说："请收回你的一元钱，我不会打电话了，因为我现在就可以正式通知你，你被录用了。"

刚刚毕业的女大学生就这样敲开了自己的机遇之门。现在让我们来好好分析一下这位女大学生成功的面试经过：她在一开始被拒绝后，并没有像许多人一样马上放弃，而是努力地争取到了参加笔试的机会。这从一方面证明她有坚毅的品行，而会计这份工作如果没有足够的耐心和毅力是不可能做好的。面对人事经理，她诚实地说出自己没有工作经验，恰恰显示了她诚信的一面，而这对财务工作来说更是重中之重。当她仍然被拒绝时，却做出了变通，也可以说是最关键的举动。以付一元钱的方式让人事经理对她产生兴趣，从而让人事经理知道她就算不被录取，也能得到别人评价并努力改进的想法，并表现出她有面对自己不足的勇气和承担责任的上进心及责任心。而自己付话费从另外一方面也说明她具有公私分明的良好品德。对于财务工作来说，经验虽然十分重要，但坚毅的性格，诚实、勇于承担责任、公私分明的品行更为重要。而女大学生正是通过付一元钱这一奇招让人事经理了解了她的优点，从而抓住机会的。

习惯可以使我们熟能生巧，提高做事的效率，但同时也会让我们故步自封。想下面的这些名字和词汇：哥白尼、崔健、陈美、爱因斯坦、互联网、eBay、鲁豫、Google……也许这可以让你联想起一些事情。这所有的一切都在告诉我们一个全新的角度，它们在告诉我：“原来还可以这样。”习惯成就了我们的成功，但同时也会成为我们更进一步的阻力。这就像优秀是卓越的敌人一样，面对生活，我们要不停地告诉自己，生活原来还可以这样！你所遇到的任何事，都没有规则、没有限制，生活其实非常简单，只要你灵机一动。面对永远在变的生活，你需要随时拿出新招数、新手段来应付新情况、新变化、新形势。如果你想改变，就请跳出你的正常思维吧，只有这样才能以奇制胜。

在日新月异、不断变化的当今社会，生活已经不再要求人们总是沿着以往的思路思考，而是要求我们灵活地应对生活中各种各样的复杂情况。我们会在人生的路上遇到这样那样的问题，与其为自己以往的经验所缚，不如多动动脑筋让自己活得与众不同，做到奇正结合。

换个角度看，人生没有想象中那么难

“你不能延长生命的长度，但你可以拓宽它的宽度；你不能改变天气，但你可以左右自己的心情；你不能控制环境，但你可以调整自己的心态。”我们的生活并不是一无是处，抛开负能量的一面，就能换个角度，换种心情，换种活法。

我认识一个大姐，叫王云。她在我们本地就是很平凡的一个女人，她性格内向，不善言谈，穿着朴素。她有一手好厨艺，有一个踏实的老公和一个争气的儿子。在单位里，很多女同事都羡慕她。然而，我这位大姐自己却不觉得幸福，她的内心总是焦虑，时常还悲伤、抑郁。

一天，王云大姐和几个朋友来我家吃饭，闲聊中诉苦道："老公虽然对我不错，但他是农村的，家里条件也不好，工作也不太好。儿子虽然考上了名牌大学，但学费也高啊，每年想起给孩子凑学费我就发愁。生活本来就拮据，现在更是什么都舍不得买了。现在房价这么高，以后孩子毕业，到谈婚论嫁时，我们拿什么给他买婚房啊……"

听完王云大姐的诉苦，我耐心地劝道："你干嘛要这么悲观？你现在所悲伤的事，是根本都没有发生的。你这不是杞人忧天吗？你不妨换个角度来看，你老公对你这么专一，虽然钱挣得不多，但比很多有钱男人在外面养小三不是强很多吗？你儿子考上了名牌大学，虽然学费贵，但出来以后就业不成问题，而且一定会有一个好的工作，到时候他会挣更多的钱来报答你们的养育之恩，哪儿还用得着你们为他的以后考虑？你们现在虽然挣的钱比有钱人差远了，但也比很多人强啊，每个月都有工资，还有工作，这不就是很美好的生活吗？”其他几个朋友也跟着附和。王云大姐听了大家的劝告，脸上露出了会心的微笑，感觉一下子轻松了很多。

生活中明明遭遇同样不顺心的事，有些人能够坦然对待，依然保持一份快乐的心情，有些人却整日觉得焦虑、郁郁寡欢，钻情绪的“牛角尖”。这就是以不同的角度看待问题的结果。能够换个角度看问题的人，痛苦再大，也会以“塞翁失马，焉知非福”的态度来看待不幸。

换一下角度，发挥逆向思维，在迈出困境的同时，也许就获得了柳暗花明的改变，那时你会觉得原来一切都没有想象中那么难。什么难题在你这里都不是问题。人生如此，该是何等洒脱、何等惬意。

1. 让自己的心淡泊一点。

让自己的内心淡泊一些，不要总是想付出了很多，回报却很少。把这些得失的心态看淡一些，让自己内心平和一些。看事情，换个角度，从另一个方向看问题，很多是非荣辱就会成为过眼云烟，我们就能很好地控制自己的情绪了。

2. 希望，要时刻留在心里。

要知道，每一个明天都是希望，无论自己身陷什么样的逆境，都不应该感到绝望，我们还有许多个明天。只要未来有希望，人的意志就不容易被摧垮，前途比现实重要，希望比现在重要，人生不能没有希望。

3. 在生活中焕发思维的活力。

平日里，我们可以选择一些自己喜欢的项目多参加健身活动，在运动中转换自己的思维。节假日，我们可以选择离开闹市，多亲近大自然，享受阳光，这样也能转换我们的思维方式，让我们从紧张的工作和生活中放松下来，同时也让我们得到重新焕发活力的机会。

常常转动脑筋，我们才能足够睿智，否则，就会固守思想，缺乏灵活思维。一个人，如果不善于思考，就无法想出更好的方法，找不到更宽的路子。而只要我们换个角度看问题，就会发现一切都没有想象的那么糟糕，正所谓“思路一变难题解，思路一变天地宽。”

不怕事情难办，就怕不敢去想

置身于困境中，破局的关键不仅在于问题本身，更在于我们有没有应对困难的勇气，在于我们有没有认真去“想”。许多时候，不怕事情难办，就怕你不敢去想，不去打开自己的心结。如果把问题比作锁，那么，每把锁都对应一把可以打开它的钥匙，而这把钥匙就藏在我们身上。

有一个土豪，每次出门都担心家中被盗，想买只狼狗拴在门前护院，但又不想雇人喂狗。经过认真的思考，他想到了一个办法：

每次出门前，都会把家里的wifi密码去掉，然后放心出门。等他回来时，门口总会蹲着一些玩手机的人。所以，他家中的财产非常安全。

如果按常规思维想问题，看家护院，应该养一条狗比较好，但是换个角度想这个问题，结果就大不一样了，看家护院不一定非要养狗，方法对了，一大帮人愿意免费帮你看家护院。

在人生的路上，不可能总是一帆风顺，当我们发现自己一直坚持的路行不通时，不妨反转思路，试试另外一条路，说不定就此开辟出一片新的天地。

曾经，有两个观光团到日本伊豆半岛旅游，那里的路状有点差。其中一位导游不断地向游客表示歉意，说路面崎岖不平，给大家带来不便。游客也跟着抱怨连连，说为什么要走这么难走的路。另一个导游却诗意盎然地对游客说："各位游客，我们正在走的这条路，可是赫赫有名的伊豆大道哦。"结果游客都兴奋地望着窗外，饶有兴致地欣赏着沿途的美景。

下面这个故事，讲的也是这个道理。

几年前，A君开始经营豆类生意，开始，他赔得一塌糊涂，后来他改变了思路，生意才逐渐有了起色。而他这个思路也很简单如果豆类销路较好，他就直接卖豆子赚钱；如果豆子滞销，就采用不同的应对办法。

第一种办法：将豆子沤成豆瓣，卖豆瓣。如果豆瓣卖不动呢？

就腌了，卖豆豉；如果豆豉还卖不动，再加水发酵，改卖酱油。

第二种办法：将豆子制作成豆腐，卖豆腐。如果豆腐不小心做硬了，改卖豆腐干；如果豆腐不小心做稀了，改卖豆腐脑；如果实在太稀了，改卖豆浆。如果豆腐卖不动，放几天，改卖臭豆腐；如果还卖不动，就让它彻底腐烂后，改卖豆腐乳。

第三种方法：让豆子发芽，改卖豆芽。如果豆芽卖不出去，再让它长些，改卖豆苗；如果豆苗还是卖不动，就再让它生长，干脆当盆栽卖，并起一个好听的名字。如果还卖不动，就赶紧找块地，再把豆苗种下去，几个月后，收成豆子，再拿去卖。这样下来，一粒豆子都不会浪费。

不得不说，A君是个精明的生意人，他的眼界与思路要甩常人几条街。所以，在他的脑子里，没有“生意不好做”这一想法，只有如何把生意做得更好的思路。他善于把问题倒过来想，把别人认为的困难视为新的机会，这样的生意人又怎么会不赚钱呢？

每件事情都有多个方面，按常规思路看是挫折、困难的事情，如果能倒过来看，往往蕴藏着新的机会。

两个农村小伙想进城找工作，一个想去上海，另一个打算去北京。在候车厅时，他们都听人议论说：上海人做事精明，外地人问路都收钱；北京人比较淳朴大方，见到乞讨者，不但会给钱，还会给吃的、给穿的。于是，原本想去上海的小伙子想：还是去北京好，即使挣不到钱，也不会被饿死。而打算去北京的那个人也在琢磨：还是上海好，给人指路都能赚钱，可见遍地都是商机。他们都想退票，结果两个人在退票窗口相遇了。要去北京的小伙得到了去上海的票，去上海的小伙得到了去北京的票。

来到北京后，小伙子觉得北京非常好。他来了一个多月，还是没有找到合适的工作，虽然身上的钱花完了，但是没有饿着肚子。渴了，就到银行大厅里找水喝，饿了，就到超市卖点心的地方试吃，或免费品尝。

而去上海的小伙子发现，在上海做什么都可以赚钱：打扫厕所可以赚钱，卖饮料也可以赚钱。由于没有本钱，他就从郊外挖一些含有腐殖质的泥土，然后用塑料袋包装好，卖给城里养花的人。后来，他攒了一些钱，租了一个门面。再后来，他注册了自己的公司。有一次，他乘火车去北京考察市场。刚下火车，只见一个脏兮兮的人伸手向他要钱，就在他抬头的瞬间，两个人都愣住了，因为六年前，他们曾换过一次票。

虽然这并非一个真实的故事，但多少有些让人唏嘘。同样背景的两个人，在短短的六年时间，却出现了巨大的反差，原因在哪里？在于思维不同，心态不同。原本打算去上海的人，受惯性思维控制，改变主意要去北京，并且想当然地认为，“精明”是算计，是坏事，而把“淳朴大方”想成对自己“无害”，也正是这种想法，使得他失去了向上的动力。相反，本来要去北京的人却倒过来看问题："精明"恰恰说明人们有商业头脑，说明这里商机较多。结果，这种打破常规的思维给他带来了机会，最终成就了他。

决定人生高度的不是学历、背景、资历、经验，而是看问题的角度、深度和广度。同一种状况，由于不同的思维，才会产生不同的态度和结果。所以说，世界本身是没有问题的，问题是由我们的思想产生的。

一直待在"井"底，格局怎会大

一个家庭主妇无论是买件衣服还是买菜，都习惯性地向邻居炫耀，但当她知道邻居买的同样的东西而少花了10块钱时，她会立刻颓废，并耿耿于怀，这个人的格局就值10元钱；那只常年生活在井底的青蛙，坚决不相信天空无边无际，觉得鸟儿在说大话，所以它的格局只有井口那么大。想要让自己的格局变大，我们就需要跳出自己所在的"井"，从宏观的角度思考问题。

某公司的老板想要选择一个能从宏观角度思考问题的员工，所以，他给那些获得最终面试资格的求职者设计了这样一道题：有1998位乒乓球运动员打淘汰赛，问组织者需要组织多少场比赛。

当时大多数人都准备用1+2+4+8……这样的思路做下去，只有一位求职者不是很肯定地说："我觉得是1997场。"最后老板任用了这个员工。

有人不理解，老板解释道："其实这个问题的答案很简单，就是让1998个人决出冠军，那就需要淘汰1997个选手，而一场淘汰赛淘汰一个选手，所以需要1997场比赛。这个问题的关键不是问'如何安排这些比赛'，而是问'需要多少场比赛'，所有安排上的细节，都可以不予考虑。"

这其实就是一种从宏观思考问题的方法。所谓"不谋全局者，不足以谋一域"，而从"全局"和"一域"之间的关系，我们就可以看做事的"大局"和"小局"的关系。但凡从小局出发的人，往往更容易局限在小局之内，只关注小局的发展，结果却扭曲了方向，混乱了成果。

而从大局出发的人，却能先观察好大体的走势，能够从更大、更广的范围中寻找大的机遇，直接看中问题的本质，然后根据全局拟订计划，从而赢得正确的发展机遇。

因此，我们在审视一个问题的时候，只有从战略的、宏观的角度去看待和思考问题，才能进一步开拓我们的视野，做到运筹帷幄，而不至于被眼前的问题牵着鼻子走。

况且，当我们只看得到眼前的"井口"时，很容易就会忽略自己的工作兴趣、理想甚至已有的天赋，从而摈弃掉原本属于自己的舞台，就为了那块只有自己看到的“天空”。只有跳上“井沿”，敢于用自己的学识和才华证明自己的能力，勇于用自己的信心和眼光去挖掘自身潜力的人，才能得到一个资源丰厚、机会良多的发展平台。

在动漫界独树一帜的《火影忍者》相信很多人都不陌生，其经典和火爆程度，更是不言而喻。这一作品的作者是岸本齐史，他很擅长画忍者系列的动漫。

最开始，他这种大气蓬勃的画风很快获得了主编的认可，并在漫画领域崭露头角。但日本的漫画界竞争激烈，岸本齐史很快就发现，如果只依靠自己最完美的创作来赚钱，是非常不容易的。为了保住自己眼前的这个“井”，他决定依据市场的流行风格去画画。

时间一长，他俨然成了作画的机器。而当他再把自己的作品拿给主编看时，对方却失望地摇摇头。“你丢失了自己。”主编这样说。

这番忠告，让岸本齐史开始重新审视自己这几年的状态。他疲于温饱，却丢失了自己，视野变得狭隘，结果被挤在一个快让人看不到的角落里了。为了改变这种状态，他一改之前商业性的画风，像最开始那样去摸索自己的创作风格。

随后几年，他的收入虽然直线下降，但他的坚持最终换来了巨大的成就。随着《火影忍者》的走红，他很快就成为亚洲顶级的漫画家之一。

这就是一位年轻人缔造传奇的奋斗史，它很好地向我们说明了一个问题：只看到眼前的人是找不到舞台的。所以，想要登上人生大舞台去续写传奇的人，就要打开自己的格局，千万不要只盯着头上那一小块“井口”看。否则我们的目光只会停留在原地，止步不前，更谈不上什么进步了。

所以，我们需要坚持吸取新鲜营养，学习别人的经验，方能集众家之长，弥补自己的不足，从而不断地提升自己的能力。

没有问题的人，如何掌握新知识

几乎所有人都想当然地认为，在某件事情上，如果没有问题，就说明已经完全明白、掌握了，或是进步了，抑或是达到了一个新的高度。其实，这是一种非常错误的观念。现在让我们逆转我们的思维：没有问题，是不是说，就没有再前进和突破的可能了呢？

一位知名教育家说过：“什么叫学问？学问就是怎么学习问问题，而不是学习答问题。如果教会一个学生去问问题，去怎样掌握知识，就等于给了他一把钥匙，他可以用这把钥匙打开各式各样的大门。”

穆尔是剑桥大学著名的教授，也是一位很有声望的哲学家，他有一个学生，叫维特根斯坦。有一次，著名哲学家罗素问穆尔："你最棒的学生是谁？"穆尔不假思索地回答说："维特根斯坦。"

"哦，为什么？"

"因为在所有的学生中，只有他一个人在听课时会露出一副茫然的神色，而且总是有问不完的问题。"

后来，维特根斯坦的名气超过了罗素。有人问："罗素为什么会落伍？"维特根斯坦说："因为他没有问题了。"

由此看来，没有问题并不代表懂了、会了，而是代表思想僵化了，没有创新性了。可见，没有问题恰恰说明真的有问题。在这个世界上，没有问题的人生是不存在的。只要我们活着，就会面临问题，不管是生活，还是工作，我们每天都在与问题打交道，快乐是因为问题，不快乐也是因为问题。

很多人都曾读过下面这个故事。

有一位年轻人在事业上受挫，整天闷闷不乐。有一天，他独自坐在一家咖啡厅的角落，满脸愁容地喝着咖啡。在另一张桌子旁坐着一位老人，老人一直关注着这个年轻人。过了一会儿，老人走上前去，对年轻人说："你一定遇上了什么问题，如果你愿意告诉我，我希望可以帮助你。"年轻人看了老人一眼，冷冷地说："你帮不了我，我的问题太多了。"老人掏出名片，递给他，接着说道："如果你相信我的话，我想带你去一个地方。"这个人看了老人一眼，犹豫了一下，没有拒绝，和老人坐车来到了郊外。下车后，老人指着一排排的墓碑说："你看见了吗？只有躺在这里的人，才是没有问题的。"老人的一句话， 扫去了年轻人脸上的阴霾，他向老人说了声"谢谢"，便回头向自己曾遭受挫折的地方走去……

这个故事折射出来的道理很简单：在这个纷繁的世界上，每个活着的人都是有问题的，关键是，我们不能被问题困住心，迷住眼，绊住脚。

现实生活中，你是一个有问题的人吗？已经习惯了一种工作或生活状态的你，是不是已经不愿意做出改变，觉得自己生活在一个没有问题的世界中呢？你是否对生活和工作丧失了思考的能力和观察的智慧了呢？如果是，那真是一件很危险的事情。

在问题面前，要学会批判性思维：没有问题，往往只是一种表象，只有没有思考的人，才没有问题。没有问题，说明你正面临着更大的问题，即丧失了发现问题的能力。大多数人都是懒惰的，能不多想，就不多想。只有那些善于在毫无异议中发现问题的人，才会看到别人看不到的错误，获得别人不能获得的成绩。

2006年8月24日，第26届国际天文学联合会在捷克首都布拉格举行，在这次会议中，冥王星被降级为类行星，不再为太阳系九大行星之一。会议之所以做出这个决定，主要是因为冥王星太小了，直径约为2300千米，甚至还没有月球大，所以没有资格占据行星的位置了。但是，这段历程并非一帆风顺，从有人大胆质疑冥王星不具有行星资格开始，争论一直没有停止过。而且很多人认为，这么多年来，人们早已接受了九大行星，冥王星够不够资格已经不重要，没必要开会作决定。但严谨的天文科学家不同意这个观点，他们认为，必须要改变，不能有半点马虎。现在，人们脑海里的“九大行星”已成为历史，在天文科学家的严谨下，“九大行星”现在变成了“八大行星”。

有些问题，站在原来的角度上看不是问题，或者没有问题，但换个角度看，却可以发现新问题。所以，有问题是一种常态，而没有问题则是一种病态。

著名科学家爱因斯坦说过：“提出一个问题往往比解决一个问题更重要。”发现问题也是一种能力，一种可以从外界众多的信息源中，发现自己需要的、有价值的信息的能力。所以，一定要学会从“没有问题”中发现问题！不能让自己处于一个没有问题的状态，也不能让自己处于一个有了问题却发现不了问题症结的状态。

善于思考，才能永远抢占先机

对于大学毕业生来说，努力工作的态度是良好的个人品质。但是在工作中，单纯地依靠努力是远远不够的。毕竟，工作中出现的难题并不是依靠细致和专心就能够得到解决的，而是需要多动脑勤思考的，只有发挥个人的才智才能做出成绩，获得成功。我们处在一个竞争日益激烈的社会环境中，要想让自己立于不败之地，就要开动脑筋，善于分析问题和解决问题。

在工作中我们经常见到这样的现象：同样的工作任务，有的人能够十分轻松地完成，而有的人在筋疲力竭疲惫不堪之际却依然会出现这样或者那样的问题。其中根本性的区别就在于，前者是用脑袋在工作，想方设法地解决问题，而后者只停留在表面的肢体劳动中。一个人要想成为事业和工作上的强者，不仅需要兢兢业业的刻苦精神，更需要主动想办法解决问题和困难。

一家公司的几个员工在为一栋刚刚竣工的大楼安装电线。在一个地方，他们需要把电线穿过一条长25米，但是直径只有3厘米的管道，而这个管道砌在了砖石中，并且还拐了几个弯。几个员工对此都感到束手无策，觉得这项工作无法完成。

后来一名员工灵机一动，想到了一个非常好的主意：他跑到市场上买了两只白鼠，一只公的，一只母的。他绑了一根电线在公白鼠身上，然后把它放在一根管道的一端。另一名员工则把那只母白鼠放在管道的另一头，并且用力捏它，让它发出吱吱的声音。这端的公白鼠听到那头母白鼠的叫声之后，就按捺不住了，沿着管道向前跑去，在跑的过程中又拖着那根电线。当公白鼠走到母白鼠面前的时候，两个电线也连接在了一起，穿电线的难题最终得到了圆满解决。后来，公司的老板听说这件事之后，就对想出这个点子的员工大大夸奖了一番。

一项行动能够取得圆满成功，主要取决于实现目标的手段是否完美。在难题面前，一个意志坚强的人未必能够比脆弱的人取得更大的成功，这是因为意志坚强者在解决问题的时候只注重坚持就是胜利的格言，却经常会忘记勤于动脑的原则。在棋坛上有句话这样说“一着不慎，满盘皆输”，我们从这句话中就可以清楚地体会到思考的重要性。

比尔·盖茨经常告诫他的员工，在工作中要学会思考。学会结合自己所学的知识，分析问题，找出缘由，巧妙解决问题。

在某个县城的一条街上，有两家影院：甲影院和乙影院。为了在竞争中获胜，两家影院都使出浑身解数争相招揽顾客。情急之下，甲影院老板拿出了“跳楼大甩卖”的架势，宣布电影票打三折。乙影院的老板见状，索性就放出话来说，电影票打两折，并且每一个前来看电影的顾客都有一包瓜子相送。

甲影院的老板认为乙影院的老板疯了。电影票打两折就是两块钱，而一包瓜子的价格也是两块钱。这样做岂不是白请别人看电影吗？在乙影院的强大攻势下，甲影院只好关门大吉，这条街上只剩下乙影院一家了。大家心里都认为这下子乙影院应该要恢复竞争之前的票价了，却发现这个电影票打两折送瓜子的手段依然被保留了下来。半年之后，乙影院的老板不仅没有宣告破产，反而换了大房子，买了高档车。甲影院的老板看到之后，感到十分不解。为了了解真相，甲影院的老板就通过别人来打听乙影院老板的生财之道。

最后，甲影院老板终于弄清楚了事情的真相。乙影院的门票价格定在两元肯定要赔钱，送一包瓜子更赔钱，但是免费赠送的瓜子是超咸的五香瓜子。人们吃了之后，很容易就会产生口渴的感觉，这时候老板就不失时机地卖起了饮料。而这些饮料也是经过精心挑选的甜味饮料，让人越喝越渴，不得不停地去买。虽然看电影送瓜子让电影院赔本不少，但是那些饮料却给乙影院的老板带来了高额的利润。

或许，有人认为乙影院老板的别有用心是不择手段，但不容置疑的是，这位老板正是依靠着自己的聪明才智才在竞争中占了上风，为自己创造了高额的利润。古人说“谋定而后动”，谋的意思就是思考、谋划。只有经过认真的思考和筹划，才能取得工作和事业的成功。

智慧的力量是无穷的。在竞争的大潮中，谁能够学会思考、善于思考，谁就能够占得先机，领先一步获得成功。学会了动脑，就掌握了永恒的财富，即使是赤手空拳，也照样能够为自己创造出一番天地来。

第二章

做事不能情绪化，冲动永远不是解决问题的方法

冲动下的决定，只会让事情更糟

有一句老话叫“冲动是魔鬼”，在生活中，我们时常会遇到一些性格较为冲动的人，他们极易被他人所激怒，继而做出一些令人喷饭的事情，一旦造成危害，后悔也为时已晚。倘若他们在面对一些事情的时候，能够冷静地思考，把前因后果都在大脑中仔细地考虑清楚，再做决定，那么将会避免很多悲剧的发生。

桑德斯是一名海滩救生员，因自幼在海边长大，他的水性非常好。作为一名新人，队长对他十分器重。

有一次，海上突然刮起狂风，暴雨瞬间来袭，一名正在海里游泳的女游客的生命安全受到了威胁。紧急时刻，桑德斯不顾一切跳进海水里，以最快的速度将女游客安全救回。他本以为会受到队长的表彰，不料竟遭到了严厉的批评：当时的自然条件非常恶劣，他在跳水之前，并没有仔细观察周围环境，甚至连自救设备都没有佩戴。队长严厉地责备他，这样的做法不仅不能保证女游客的生命安全，甚至有可能连自己的性命都搭上。尽管最后救援成功了，但那也只是碰巧运气好而已，绝对不是一名专业救生员应该有的表现。

听了队长的话，桑德斯觉得非常委屈：明明他很出色地完成了任务，却被队长吹毛求疵，无端指责。他不服气地顶撞了几句，并将自己的各种装备和证件恶狠狠地扔在队长面前，愤愤不平地宣称自己不干了，转身就走了。

在那之后很长一段时间里，桑德斯都没找到合适的工作，因为他内心仍然向往着大海，向往着救生员这个能体现他个人价值的职业。他每天颓废度日，生活过得十分潦倒。

一次偶然的机会，他遇到了以前的队长。时过境迁，两人终于能心平气和地聊起往事。原来，队长当时之所以严厉地批评他，一方面是不愿意看到他在救援过程中自己出现危险，另一方面是因为对他十分器重，希望他能做得更好，未来能够接队长的班，救更多的人。

听到这些，桑德斯感到非常懊恼。如果当时没有那么冲动，能够了解到队长的良苦用心，或许他就不会是今天这副模样了。

冲动不仅不能帮助我们解决任何问题，还会让我们情绪失控，失去对现实生活的理性判断，从而造成家庭不幸、工作不顺及关系恶化等不利影响。

想要化解冲动，首先必须做到忍耐和克制。如果别人冒犯了我们，一定不能让我们的情绪失控，更不能在情绪失控状态下做任何不负责任的决定。其次是要善于理性思考。出现不和谐的局面未必都是别人的原因，应多考虑自己的问题，想想别人的苦衷和意气用事可能造成的后果，要努力在平静的状态下去解决问题。最后是要包容理解、谦虚礼让。很多纷争都是源于误会或是不起眼的小摩擦。一次平和的沟通、一句诚挚的歉意、一个谅解的微笑，都有可能使紧张的局面得到缓解。

前世界拳王泰森是一个典型的争议性人物。20多岁时，他仅用18个月就拿下三大重量级拳王的金腰带。他拥有无数的财富，受到全世界粉丝的追捧。很多国家的领导人还亲自接见了他。

所有的一切使他急剧膨胀，而冲动的脾气更让他吃尽了苦头。他曾经因为强奸罪入狱3年，之后又因为暴力、吸毒等问题在法庭和牢狱之间进进出出。后来，他在一场比赛中气急败坏，咬伤了前拳王霍利菲尔德的耳朵。一时间，他成为"臭名昭著"的代名词。

生活的磨砺最终还是让他成熟起来。在经历破产之后，这位曾经骄傲的"王"不得不为了生计而努力，做了很多工作。如今，他已经变得平和许多。在回忆往事时，他说自己的人生曾经有一副好牌，是自己没有好好珍惜。以前，他太容易冲动，脾气差而且好斗，但现在他要努力让自己学会克制和忍耐。输赢对他来说已经毫无意义，他如今最害怕失去的是他的家人——他想做一个好人。

俗话说，浪子回头金不换。像泰森这样一个极具争议的人物，都能通过自己的努力克制住冲动，让自己变得平和理智，我们又有何做不到的呢？

李佳佳是一家软件公司刚上任的宣传部主任。公司经理引领她来到一间宽敞的办公室，对着一屋子同事宣布李佳佳正式走马上任，并指着一位40多岁的女士说："这是你的助理刘小姐，有什么不清楚的，请她告诉你。"不过，等公司经理一离开办公室，刘小姐便随即开口："抱歉，我今天有很多事情要做，所以没有太多时间和你好好聊！"说完话，刘小姐便埋头工作，一整天没再跟李佳佳说一句话。而且，除了刘小姐外，办公室里的其他同事也对她横眉冷对，商讨工作时爱答不理，仿佛李佳佳不是他们的上司，而是来给他们打杂的。

面对同事的排挤和刁难，李佳佳既没有生气，也没有抱怨，而是积极冷静地寻求解决之道。她先是旁敲侧击地摸清了这股不明敌意的底细，原来，这几位同事都为公司效劳了两年以上，每个人都以为宣传部主任的职位能落到自己头上，却没料到这个肥差让李佳佳给占了。找到源头了，李佳佳也明白了，几位同事的刁难并不是冲着自己，而是对公司的人事决策不满。于是，她在办公室里坚持认真工作，并友善地对待同事，经过几次以德报怨的交锋，大家都被李佳佳的为人和能力所折服，继而接受了这个年轻的上司。

聪明的人能够控制自己的情绪，而愚蠢的人则常常会被自己的情绪所控制。所谓成功，就是能突破心理障碍，控制住自己的冲动，不在失去理智的情况下做决定。

要想获得成功，就必须突破冲动的障碍，懂得如何避免冲动的发生。首先，学会躲避，远离冲动现场。当人处于愤怒或者是冲动的情况下，大脑皮层会出现一个强烈的兴奋点，并不断向四周蔓延。想要远离冲动，就必须避免这个兴奋点蔓延，避免失去理智，要有意识地学会转移兴奋点，这就是所谓的眼不见心不烦。其次，懂得忍耐，才是控制情绪的强者。忍一时风平浪静，要做一个理智的人，面对矛盾要用更加宽容的心去对待。当和别人发生争执时，在自己还没有失去理智之前，先考虑清楚为何会和对方争吵，问题是否在自己身上。若是持续争执，一旦失去理智，冲动的后果自己是否能够承受？这样冷静地去思考问题，就可以迅速将自己从冲动的边缘拉回来。最后，要寻找更好的避免冲突的方法。理清思路，想明白与对方发生冲突的主要原因是什么？双方产生分歧的关键在哪里？什么样的解决方式让双方都能接受？想明白这些事情，自然就能找到最佳的解决方式，进而避免冲动的升级。

怒气也有蝴蝶效应，波及太广悔恨终生

“一只蝴蝶在巴西扇动翅膀，导致了一个月后得克萨斯的龙卷风。”这就是混沌学中著名的“蝴蝶效应”。情绪中的“蝴蝶效

应”则是指如果我们不注意控制微小的不良情绪，最终很可能会酿成大灾祸。

情绪像疾病一样会传染，一个人的坏心情会在短时间内影响周边许多人，比躯体疾病更具“杀伤力”。当坏情绪传染到一定阶段的时候，就会爆发出来，引发不良后果。比如，在一个家庭中，当丈夫责怪妻子，而妻子把怒气撒在孩子身上时，就对孩子形成了伤害。孩子长期在争吵的环境中成长，性格也会逐渐变得暴躁易怒，继而造成经常在学校里打架斗殴的情况，甚至最后可能会走上犯罪的道路。现实生活中，我们身边随时随地都在上演着一幕幕的“蝴蝶效应”。

贝贝从小是一个聪敏可爱的孩子，人见人爱。可贝贝的家庭却并非是一个“可爱”的家庭。贝贝的父母经常吵架，每当贝贝放学回家，看到的情景总是父母在家里不停地争吵，有时双方甚至会大打出手。而且，每次贝贝的妈妈被他爸爸狠揍一顿后，总是拿贝贝撒气。

有一回，贝贝的妈妈坐在客厅地上哭，贝贝看到后，想上去安慰一下妈妈，于是贝贝走过去说道：“妈妈，你怎么了，为什么哭啊？”

贝贝妈妈抬头看了贝贝一眼，立刻对贝贝骂道：“我哭什么你不知道吗？还不是你那个混账老爸。你也不是个省心的东西，要不是因为有你这个累赘，老娘早就和他离婚了……”

贝贝听到妈妈声嘶力竭地骂着、看到妈妈呼天抢地地哭着，吓得一动都不敢动，只有站在原地呆呆地发愣。

从这以后，贝贝的性格变了，在学校变得内向，坐在座位上发呆，不和小朋友们玩。放学后，贝贝也不愿意回家，他不想看到爸爸和妈妈，不想听到他们吵架，更不想成为他们的出气筒。

这样的日子持续了一年又一年，贝贝逐渐长大了。但因为贝贝每天不愿意回家，在街上溜达，所以结识了很多社会上的小混混。有一次，他因为在路上和另一个陌生人擦肩而过，不小心发生了碰撞，虽然对方表示了道歉，但贝贝依旧不依不饶，骂对方瞎了狗眼，造成双方大打出手。而贝贝因为下手过重，把对方打成重伤，不仅要面临大笔医药费的赔偿，更因为故意伤人，不得不进了看守所。

这就是“蝴蝶效应”造成的伤害。贝贝的父母因为脾气暴躁，情绪不好，就把怒气牵连到孩子身上，造成聪明可爱的贝贝变成了性格极其叛逆的孩子，最终因为造成了对他人的伤害，而毁了自己的人生。

现代社会中，人们的工作和生活压力越来越大，竞争也越来越激烈。这种紧绷的状态很容易导致情绪的不稳定，很多人碰到一点不如意的事情就变得烦躁、愤怒，但是又不知道如何控制自己的情绪，很容易将坏情绪传染给身边的家人和同事。

心理学中的“踢猫效应”同样反映了坏情绪的传染所导致的恶性循环。父亲在公司受到了老板的批评，回到家看见孩子在沙发上跳来跳去，就将孩子臭骂了一顿。孩子心里感觉非常委屈，就狠狠地踹了一脚在身边打滚的猫。猫逃到大街上，正好一辆卡车开过来，司机为了避让这只猫，把路边的孩子撞伤了。情绪的相互传递与相互影响，同样可以掀起一场风暴。所以，在工作和生活中，我们要懂得控制自己的情绪，及时排解不良情绪，远离情绪风暴。

曾经有人说过：“情绪这种东西，非得严加控制，否则一味地纵容自己悲怜，便会让你越来越消沉。”所以，我们在任何时候都要学着去控制自己的情绪，千万不要让蔓延的坏情绪破坏了自己本该美好的生活。

徐敏在某家首饰店做导购，每天都乘地铁上下班。

周一早晨地铁很挤，刚刚出了地铁，徐敏着急地想看一下时间，但是翻遍包里所有的东西也找不到手机。这时，徐敏突然想起在地铁口有个人挤了她一下，手机肯定是被那个人偷了。这可是徐敏刚买了没两个星期的新手机，徐敏气得直跺脚，发誓挖地三尺也要找到那个小偷。

可是，路上满满的全是人，该去哪里找呢，又怎么可能找得到呢？

由于徐敏一路气愤不已，完全忘了要赶点上班，这下好了，上班也迟到了，关键是还被店长看到了，因此又被批评了一顿。徐敏原本就郁闷的心情顿时更加烦躁。没一会儿，店里来了一位顾客，想看看玻璃柜里的一条金项链。

徐敏装作没听见，对此置之不理。那位顾客以为徐敏没听到自己说的话，于是他又朝着徐敏大声招呼了一声。徐敏不耐烦地看了顾客一眼，没好气地大声嚷道："你喊什么啊，不就是看项链吗？我给你拿就是了！"

徐敏这一吼，周围的几个同事都愣住了，大家议论纷纷，猜测徐敏今天到底是怎么了。顾客听后非常生气，直接反映到商店老板那里。结果，徐敏又被老板大骂了一顿，不仅要求她向顾客道歉，还要扣除徐敏的工资。徐敏的这一顿臭脾气，差点连工作都丢了。

一个人如果不懂得控制情绪，就很容易因为一些微不足道的原因而产生较大、较明显的情绪波动。情绪化的人往往遇事不是大喜就是大悲，这样对一个人的身心并无好处，并且，如果这种坏情绪散播开来，还会影响到身边其他人。

在现实生活中，为何有些人明明能力不错却平淡一生，无所成就？有些人苦苦奋斗却始终原地踏步，不见成效？其实，他们大多是因为心态失调，情绪不平，总受到坏情绪的误导，以致无法发挥出自己的真实水平，最终导致失败。

那么，我们该如何摆脱坏情绪呢?

1. 要时刻提醒自己别被琐事烦扰。

在生活中，一定要学会理性控制自己的情绪，时常在内心告诫自己“别生气，为这点小事不值得”，时刻提醒自己不被琐事烦恼，避免去想不开心的事，慢慢地就会懂得该如何控制情绪。

2. 要学会包容一切。

俗话说得好，海纳百川，有容乃大。包容是人生最大的智慧，每一位成功者，都具有一颗包容的心。若能学会包容那还有什么事能影响到我们的情绪呢?

3. 要找到合适的倾诉对象，让情绪发泄出去。

每个人都会有委屈、烦闷、不愉快的时候，当你无法自我调节好情绪时，要学会找到合适的倾诉对象，让情绪有所发泄。当然，这并非是鼓励大家把坏情绪转移给他人，而是让他人帮助我们寻找调节坏情绪的方法。例如，向知己倾诉或者大哭一场。只有把内心的烦闷发泄出去，才对自己的身心更有利。

芝麻小事，切勿烦忧；他日之事，也无须提前自寻苦恼。人活一世，应当有所追求，有所舍弃。尝试着放宽心态，把每一件事情都看得开一些，看得轻松一些，试着每天都让自己多一些快乐，那么情绪就会自然而然地掌控在自己的手中了。

脾气不好的人，到哪里都不会让人喜欢

爱发脾气的人就像一颗定时炸弹，一不小心，便可能殃及自己与周遭的人，稍不注意就会将自己连同身边的人炸得粉碎。脾气不好的人，常常会因为一点点小事便闹情绪。不看场合、不分轻重、不辨对错地乱发脾气，不但有失修养，也会让他人敬而远之。每个人都有脾气，但没有人会愿意与一个脾气不稳定的人交往。怒猛于虎，周围有个脾气大的人，与之有关的人都会遭殃。

如果家里有一个脾气大的人，家里将会不得安宁。他会任意数落自己的家人和孩子，而原本高兴的一家人，便会因他的负面情绪而心情糟糕。脾气不好的人在工作中也容易碰壁，与领导、同事时常发生冲突，这样的人，不但惹人厌，还会因此丢掉自己的工作。

坏脾气其实是一种不自爱的不良习惯。工作和生活中，无论是大事还是点滴小事，总会遇到让我们不顺心的事。我们不必强制自己去喜欢那些我们不认同的人或事，但也要明白他人有权选择自己喜欢的人与事。不要把纯净的心灵变成情绪的垃圾桶，不把别人的不是全兜在心里，自己的心要自己爱护。

作为家里的独子，宋志从小便受尽了宠爱。无论要求是否合理，只要是宋志想要的，家人便想尽一切办法满足他。儿童时代，一日宋志跟别的小孩打闹，不管是不是宋志的错，他的家人总会偏

袒他，为他出头。任性、自私、爱发脾气的宋志，却被家人无限包容着。

随着年龄的增长，宋志的小性子没有丝毫的收敛，甚至更为暴烈。只要稍微不如他的意，他就会大发脾气。宋志的家人有时也会觉得宋志脾气太大，这样不好，却想不出更好的办法来让他冷静，只得哄着他。偶尔宋志的表现太糟糕，家人也会说他两句，宋志不但对劝说不以为意，还会顶嘴。不只在家里，宋志的臭脾气在学校也是有名的，一言不合就与同学打架，对老师的教诲也是左耳朵进右耳朵出。宋志在学校爱闹事，老师管不了，只得打电话给他的家长。宋志的家人频繁进出学校，却没有什么作用。

性格一旦形成，是不容易改变的。当宋志不断闯祸，甚至多次犯下较为严重的错误时，家人才悔悟从小对宋志太过骄纵与宠溺。小时候的宋志会因生气砸碎邻居家的玻璃，少年时的宋志会因生气砸坏对方的小车，如今成年后的宋志会因生气随手拿起身边的东西砸向对方的身躯。在宋志砸伤他人的同时，自己也免不了受伤。家人劝说无效，最终狠下心痛打了宋志一顿，结果却适得其反。在与家人的一次大闹后，宋志一气之下离家出走，之后与他人发生矛盾，受了重伤，性命垂危。

没有人从来不发脾气，当我们感到愤怒，对身边的人或事感到不能容忍时，便会发泄情绪。发脾气是生活中不可或缺的一部分，它可能出现在我们赶时间却被车流堵住时，也有可能出现在我们与家人吵架时，还有可能出现在我们与同事闹矛盾时。只要是正常的人，便会产生情绪波动。只是，不乱发脾气是一个人成熟的标志。当我们能够克制自己的冲动，控制自己的情绪，理智地对待让我们发狂的人或事时，才是一个身心自由的人。

如果我们止不住发脾气，待冷静后，便要对自己生气的原因做认真的反思，明白乱发脾气的原因及代价。我们也可以寻找信任之人进行监督，让他在我们失控时及时提醒我们。通过多次实践，定会有所收获。

发脾气是无师自通的一件事，从小孩到老人，不管何种学历，都会有生气的时候。但发脾气往往会把事情越弄越糟，不乱发脾气，才能更好地解决问题。

哪里有怒气，哪里就会有冲突

搞笑武侠剧《武林外传》中郭芙蓉有一句经典的台词，即“世界如此美妙，我却如此暴躁，这样不好，不好”。郭芙蓉克制住火爆脾气，最终战胜了自己，赢得了美好的人生。

退一步，则海阔天空；不动怒，便可收获更多。然而，在这个大千世界，谁都不可能避免动怒。当我们遇到挫败，受到屈辱，与他人发生矛盾时，都会产生怒气。但如果一味地让怒气爆发，为了发泄而冲动行事，就有可能让事情变得更糟，甚至造成不可挽回的后果。

发怒其实是一种极其不理智的行为，但这种行为在生活中却普遍存在。很多时候，我们会因为一些不足挂齿的小事而产生怒气，尤其是面对自己最亲近的人。事实上，当我们生完气冷静下来的时候，就会发现这不过是小事一件，但我们却因此伤害了自己最亲近的人。即便感到非常后悔，也已于事无补。

生活中，少一点怒气，多一点包容，不但能够减少冲突，还更有利于促进彼此之间的感情。当然，如果在非常时期避免不了生气的时候，就要学会控制自己的情绪，让自己消气，而不能让像一颗炸弹一样随时都可能爆炸。

脾气不好的人比较容易闯祸，李绍刚便是如此。或许是因为家人太过纵容，李绍刚从小便养成了火爆脾气。但凡遇到不顺心或不满意的事，便怒火中烧，对周围人乱发脾气，动口动手。李绍刚多次因坏脾气而闯祸，父母意识到事情的严重性，曾试图改变李绍刚易怒的性格，却并没有太大效果。

随着年龄的增长，李绍刚的脾气并未有所缓和，反而越发暴躁。但凡被人惹恼，无论他人是有意或无意，李绍刚都会做出过激的反应，甚至直接动手。知晓他性格的人，都会对他避而远之。

因工作需要，李绍刚需要考取驾照。在练车的过程中，教练多次批评教导李绍刚，起初他还能忍着教练的斥责，后来次数多了，他便直接跟教练起了冲突，教练再也不肯教他了。驾校负责人虽对两人进行了调解，却没能解决问题，负责人不得已为李绍刚换了一个教练。由于李绍刚臭脾气一点就着，很快又与新教练发生了口角。盛怒之下，二人大打出手。新教练受伤住进了医院，而医药费自然由李绍刚赔偿。驾校最终不愿再教李绍刚，把考取驾照的费用如数退回，李绍刚的工作也因此落空。

李绍刚如果能收敛自己的坏脾气，考取驾照之事便不会以失败收场。可见，从小养成的火爆脾气，如果不加以改变与克制，便会给以后的人生留下隐患。脾气暴躁是人类卑劣的天性之一，狂暴之人，终将自食恶果。

在生活中，即使遭遇再多不公，也要懂得控制自己的情绪，想办法让自己冷静下来，因为愤怒会使我们的自制力降为零，极易做出无法挽回的事情。因此，遇到令人烦躁的问题时，我们可以冷却问题，待恢复理智后再处理，以减少犯错的可能。要做一个心胸开阔的人，减少愤怒的负面作用。

谈判中切不可情绪化，冲动下的决定最荒唐

谈判中，对手经常会使用激将法来促使我们就范。比如故意质疑我们的实力来逼我们提高质量，或者故意透露竞争对手的价格来促使我方降价。如果我们不能对一些让我们愤怒的小事淡然处之，那么自己恐怕就会身处危险之中。

传说，在非洲的大草原上有一种吸血蝙蝠，它们虽然体积很小，却是非洲野马的天敌。人们可能会奇怪，小小的蝙蝠如何能成为野马的天敌，杀死野马呢？其实不然，杀死野马的并非是这些吸血蝙蝠。每次吸血蝙蝠吸附到野马的腿上时，会用它们的牙齿划破野马的腿，吸食野马的血。但吸血蝙蝠体积小，划破的伤口很小，吸食的血量也很少，并不能导致野马的死亡。野马真正死亡的原因，其实是源自它们的愤怒。

因为被吸血蝙蝠叮咬时，野马就会变得愤怒、暴躁，最后在草原上狂奔。但无论野马怎么奔跑、怎么蹦跳，都无法甩掉吸血蝙蝠。它们依旧从容地吸附在野马的腿上，悠闲地喝着血，直到“饱餐”后再飞走。而野马愤怒后的狂奔，却增加了血液的流出，最后吸血蝙蝠飞走了，但野马流出的血却没有停止。因此，野马最后会在愤怒中无可奈何地死去。

野马为了甩掉附着在自己身上的吸血蝙蝠而暴怒、狂奔，最后

却送掉了自己的性命。所以，真正害死野马的，其实并不是小小的吸血蝙蝠，而是野马自己暴怒的习性。如果我们在谈判中也像野马一样，那么很可能让自己在冲动的驱使下进入对方的圈套。

情绪失控是谈判场上的一大失误，它会让我们说错话，轻则得罪人，重则完全毁坏自己的谈判。因此，谈判桌上一定要控制好自己的情绪。特别是在双方因为小问题而争吵，或对方态度不够和气时，更拿捏好自己的情绪，以免因为激动而把话说得难听，或说得太绝。

很多谈判者不注意这一点，常常会为了一个小问题而在谈判场上大发脾气，或与对方陷入激烈的争论中。但相信看了下面这个事例，能给我们一定的警示作用。

一家制鞋厂最近要生产一批新鞋，所有原料都准备妥当了，就差胶水了。老板对胶水的要求很严格，既要黏性好，又要刺激性味道最小的。选来选去，他终于找到满意的胶水了。

这家鞋厂的老板直接找到生产胶水的厂家来商谈胶水的采购。胶水厂家的老板知道其来意后，对鞋厂老板骄傲地说道："你真有眼光，我们的胶水在国内可是数一数二的。但因为质量好，所以价格也不便宜。"

虽然胶水厂家的老板态度有些傲慢，但鞋厂老板没有生气，附和道："是啊。我们对比过，质量确实很好，贵一点也应该。毕竟一分价钱一分货嘛。”

胶水厂的老板听到对方这么说，直接问道：“那您准备要多少货？”

鞋厂老板沉吟了一会儿，说道：“我们很重视这次生产的新鞋，这次的鞋是我们今年重点打造的，因此生产的量也比较多。所以，对于胶水的需求量也很大。我们采购得多，不知价格能否再给我们一个折扣？”

胶水厂老板摇摇头，用一点商量的余地都有没有的口气说道：“不管买多少，我们都是这样的价格，一分都不少。”

这时，鞋厂老板被胶水厂老板的态度惹生气了，但还是强压下心中的怒火，说道：“一般采购得多，都会适当地给予价格优惠，您再考虑考虑，适当再降降价。”

胶水厂老板没好气地说：“你以为我们的胶水是一般的廉价胶水啊，说降价就降价？”

这话让鞋厂老板生气极了，他心想，不就是生产了一款好一点的胶水吗，怎么就这么大架子，说话时处处不饶人？他很激动地拍了一下桌子说：“我是诚心来跟你谈生意的，你摆什么臭架子？”

此话一出，胶水厂老板顿时被怔住了，转而说：“我哪里摆架子了，你这么大的不满情绪我们怎么谈？”

鞋厂老板气还未消，见对方把问题都推到自己身上，更加气愤了，于是毅然决然地说："不要以为只有你们会生产胶水，市场上生产好胶水的厂家一抓一大把！"

胶水厂老板也不饶人，暴跳如雷地说："那就不要买我们家的好了！"

"就你这样的态度，不买就不买！"鞋厂老板回答说。

结果，本来很有希望一场谈判不了了之了。

看，这就是情绪失控的后果！它会让我们瞬间火冒三丈，话里带刺，失去原有的礼貌与风度。谈判桌上，很多谈判者也常常会这样，或图一时口快，或为一解心中之气，结果直接放大或激化矛盾，最后直接导致谈判的失败。殊不知，因为别人的言辞而改变自己的说话方式和失去理智是非常愚蠢的。退一步海阔天空，宽容点，情绪就不会失控，谈判就不会被吵架或辩论取代，而谈判也许就不会失败了。

那么，怎样才能绕开情绪失控，避免陷入争吵或辩论中呢？以下为大家提几点意见。

1. 谈判前做充分的准备，对"自己要说什么"要心里有数。

虽然说计划赶不上变化，但是，没有计划，就只能任由变化牵着鼻子走。谈判中，我们之所以会情绪失控，说到底，还是因为我们没有准备好。因为没有充分的心理准备，所以一旦有什么东西惹怒了我们的心，我们就承受不了，就会失控。假如事先有个准备，能撑大心的容量，那么谈判场上对方怎么为难我们，甚至羞辱我们，我们都能做到大方地、有礼貌地还击。

因此，清楚“自己要说什么”至关重要。“自己要说什么”所关注的不仅是谈判的内容，还包括怎么和对方说，怎么说才言简意赅，怎么说才能用最简短、直白的话表达出最明确的意思；对方向我们提问时我们该怎么回答，对方设陷时我们该怎么守口如瓶……

2. 适当自嘲，转移话题，及时缓解不良情绪。

当你发现自己情绪失控时，要及时化解它。转移话题是比较好的方式。

HP公司的前女掌门人奥菲利亚有一次参加一个很重要的谈判，但在谈判过程中，她衣服上的扣子突然掉了一颗，衣服顿时开了一个很大的缝隙。对方见状，虽然想忍，但是还是没忍住笑出了声。奥菲利亚很尴尬，也很生气对方的失礼，但她却没有暴怒，也没有发火，而是幽默地说道：“时代在快速发展，要求我们跑步紧跟时代。而当我想解开衣服跑步前进时，却发现自己并未穿运动短裤。现在，让我们尽快敲定我们的谈判，好让我回去换个短裤好能奔跑着跟上时代。”奥菲利亚幽默的回答顿时化解了尴尬的气氛，还为谈判会场带来了一丝轻松的氛围，最后，这次谈判也取得了圆满的成功。

3. 平静下来，听听对方怎么说。

当谈判变成争论时，对方的情绪可能也变得比较激动了，这时候，不妨冷静下来，学会聆听，听听对方怎么说，理解对方发火的理由。我们可以问问对方："要不您先说说您的看法？"这样一来，对方能充分地感觉到我们的尊重，自然而然，争论也会被平息。

对孩子发怒时，想办法让自己冷静下来

有些孩子对于父母说的话就像没听见一样，任凭家长在一旁喊得声嘶力竭，孩子都无动于衷。父母有没有找到原因呢？一起看下面的例子。

"丁丁，去把手洗干净，要吃饭了。"7岁的丁丁自顾自地看着动画片，对于妈妈第三次的召唤他仍然无动于衷。妈妈火了，扯着嗓子大声训斥："你没长耳朵吗？没听见我在叫你吗？"并走上前去关掉了电视。丁丁很无辜地垂下眼皮，很不舍地走出房间，随后低声嘟囔："你玩电脑的时候，我叫你，你不也听不见嘛！"

生活中经常会出现这样的场景，家长们为此感到十分疑惑，心想："孩子为什么对我的话无动于衷呢？"有的父母认为孩子这样的行为是一种不尊重家长的行为，如果继续这么纵容下去，孩子早晚会变得目空一切。

其实，遇到这种情况，父母不妨往好的方面去想想，孩子注意力集中不正表现于此吗？同时，不要急于给孩子扣帽子，责骂孩子“不长耳朵”，而要鼓励孩子，用爱心去感化孩子，并传达对孩子的信任。父母还应该及时地反省自己，看看自己有没有过错。

很多家长都出现过这样的行为，对着孩子大喊：“我再警告你一次，下不为例，这也是你最后一次，听见没有？！”父母的怒火并不能让孩子改掉上述习惯。这样做，会让父母精疲力竭，却很难奏效。试想一下，叫喊怎么可能让孩子做出改变呢？

更关键的是，大声的说教方式只会把孩子带到对立面，亲子关系也渐渐疏远。每一次对立，都会让彼此的关系更为恶化。

同时，父母管教孩子的成果也会因怒火毁于一旦。粗暴的说教方式对孩子的成长是极为不利的。一旦家长这样粗暴的教育方式成为习惯，孩子对家长说的话也就会是“左耳进、右耳出”了。

英国教育协会的斯塔朋·斯科特教授表示，大声吼叫孩子是一个糟糕的现象，“大声吼叫并不能唤起孩子对这个世界的激情，相反，孩子很抵触家长对自己的怒吼，这对他们心灵的伤害是巨大的。”美国心理学家苏·格哈特也认为，有时候，孩子的压力是因为家长对自己的怒吼而产生的，而且怒吼对孩子大脑的成长是极为不利的。

对孩子大声喊叫下命令是最不明智的做法。父母应该用温和的态度对孩子进行说教，这样孩子会觉得你的说教是正确的，才愿意按照父母说的去做。

还拿妈妈催促正玩得高兴的孩子吃饭的事情做例子。显然，孩子正在兴头上，妈妈大叫："准备吃饭了，赶紧洗手！"一般不大可能有效果。此时对孩子发火，孩子反倒难以理解父母的反应。如果想让孩子听话，请家长们放下手中的事情，把孩子带到一个安静的场所并对他们用舒缓的方式说教。其实，每个孩子都有着很强的好奇心，你对他说话的方式越是柔和，他越能对你说的话产生信服感。

如果妈妈实在是生气了，可孩子还是没有任何反应，妈妈就需要来到孩子面前，轻抚孩子的肩膀，叫他的名字，帮助他停下手里的事情。当孩子的注意力发生转移时，你再开始说教。说话时，妈妈最好用双眼注视着孩子。这样有助于将双方带入平静的状态，久而久之，孩子也会养成看着别人说话的习惯，这是一种尊重别人的表现。

父母学会控制自己很重要，在你将要发怒的时候要想办法使自己平静下来。比如，数几个数，或是深呼吸。如果遇到上述那样的情景，情绪失控的父母选择对孩子发了脾气，请记住一定要向孩子道歉，告诉孩子父母也是普通人，也会犯错误，但是父母一定会改正的。

第三章

交际别总想自己，顺着对方聊天才能获得好人缘

逆着自身想法，顺着对方的心思

在与人沟通当中，一定要懂得顺着对方思想接话，哪怕是逆着自身想法。这就是所谓的“入乡随俗”，否则，你的话很容易引起对方的反感。看清对象，想好之后再说，如此才有利于建立良好的人际关系。

俗话说：“见人说人话，见鬼说鬼话。”这不是虚伪，而是一种别有深意的接话方式。因为，每个人的身份和地位都不一样，如果不分对象乱说一气，肯定会得罪人。

有一年元旦同学聚会，有人提议，想去看看很久没见的班主任张老师。

第二天，我们来到了张老师家。张老师虽然已是快六十岁的人了，但打扮依然很时髦。“哎，我孙子都出生了，我越来越老了啊。”张老师看到我们很高兴，感叹道。

“谁不是越来越老啊，老师您已经很不错了，看着比同龄人要年轻很多。”我们都知道张老师怕老，所以在接话时都会避开这个话题。

张老师对我们很热情，忙着添茶倒水。可能是这几天应酬多，她脸上透着疲惫，加上感冒了，声音沙哑，整个人看起来不是太精神。

有一个同学毕业后很不如意，这次看望张老师，也是想请她指点迷津。“张老师，好久没见了，挺想你的。”那位同学把带来的水果放下，开始跟张老师寒暄，但他在接话时，却没有避开张老师敏感的话题。

张老师坐下后，那个同学继续说道：“老师，你的声音听起来很沙哑，人也不精神，看起来比之前苍老了很多。”

这么一说，张老师跟受了打击一样，脸色立刻就变了，气氛瞬间陷入了寂静。

“我只是感冒了，有些疲惫而已。”张老师说话时明显带着不悦。

那个同学这才意识到自己失言了，也没敢再说明自己来的意图。

我们连忙岔开话题，谈论起了张老师的孙子……而这一整天，张老师都很少跟那个同学说话。

在接话的过程中，很多人都会犯类似的错误，他们不看对象，不分场合，最后只会冒失地得罪人，无法达到自己的目的。

与人交往，必须掌握接话的艺术，才能为沟通的顺利开展奠定良好的基础。交流是双方的，如果在接话过程中只顾表达自我，不顾对方的感受，那就毫无意义了。值得注意的是，我们应该看人接话，在沟通时要懂得用对方喜欢的方式表达，如此才能获得对方的认可。

有人认为，这是曲意逢迎，无异于说假话，溜须拍马。这么理解是错误的，因为看对象接话是为了统一大家的沟通方式，是对他人的一种尊重。

其实，这是很有深意的事，其中包含了很多接话技巧。我们要注意观察对方的为人，了解对方的喜好，探究对方的沟通方式——只有摸透了对方，在接话时才能做到得心应手。

比如，也许你说话不是字字珠玑，但懂得看对象接话的好处，能说到对方的心窝里去，就能更容易被他人理解，也更容易得到信任。至于谈话对象，可以根据他的性格、喜好、文化程度、身份地位等找到合适的切入点。

但是，跟性格随和的人接话时，也不要太过拘谨。这些人性格大大咧咧，跟谁说话都"不客气"——他们认为随意是一种亲近的表现。所以，跟他们交流，如果我们咬文嚼字、中规中矩的话，他们很难对我们产生好感。

俗话说"入乡随俗"，懂得看人接话，沟通就会更顺利。

阮成是某玩具公司的采购员，就很懂这一套。有一次，他跟合作的包装箱供应商谈业务，负责接待他的是小赵。小赵是东北人，性格爽朗，能力很不错。阮成之前见过小赵几次，也算熟悉。

"你小子最近忙什么呢？好久不见啊！"阮成很豁达地说，放下了平时的客套劲儿。

“哎呀，是你大驾光临啊，真是想死我了。”小赵笑哈哈地打招呼。

“这不，还有不到一个月就是六一儿童节了，我们公司准备提前给代理商铺货，这次要的包装箱准备得怎么样了？虽说数量有点大，但要是没准备好，我可饶不了你啊！”阮成佯装发狠地说。

小赵一听，马上乐了：“放心吧，我就是不给别人也得先给你供货啊，谁让咱俩臭味相投呢。”

这看似随意的谈话，其实是故意为之，因为阮成了解小赵，知道小赵喜欢跟爽快的人做朋友，如果自己说话中规中矩，效果反而会不好。

跟沉闷、固执的人交流时，接话要简洁，有重点。因为，这类人反感滔滔不绝，讨厌兜圈子，喜欢直奔主题。

面对傲慢无礼的人，要耐着性子接话。对这类人说话要有力，有主见，但也不可伤了他们的面子。因为，这类人常常唯我独尊，一旦觉得丢脸了，就会做出不理智的事。总之，跟这类人交往时既要强硬，也要适当地示弱。

跟地位比较高的人接话时，要恭敬有礼，尽量说符合对方身份的话，不能按照平时的方式去说话，不能太随便，也不需要多亲切。

跟文化水平高的人接话时，可以适当地对语言进行修饰，书面化、深奥、含蓄一些。但跟文化水平低的人说话就不能如此了，因为文绉绉的话，对方会很不适应。所以，为了避免尴尬，最好多说大白话。

面对虚荣的人，接话时不妨多称赞、恭维对方一些，他们会很受用。而面对深藏不露的人，最好先向对方表达自己，之后对方才会变得主动。

面对性格温和的人，接话不要太急，配合好就行。而遇到自私的人，不妨先提一些对方可以获得的好处，那样你们自然会变得“友好”起来。

不论何时，在交流时要根据对方的具体情况选择相应的接话方式，这样才能搭建良好的沟通平台，达到自己的目的。

改变惯有思维，让回答出其不意

人的思维是有动机的，只有当你在某方面有动机时，思维才能得到开启。要锻炼自己的思维，就要以产生行为活动为内动力。对每一个问题，我们既要考虑它原有的知识基础，又要考虑它关联的知识内容。只有这样，我们才能更好地激发思维，并逐步形成知识脉络，提高回答问题的能力。

萧伯纳有一次因脊椎疾病住进了医院，需要从脚跟上截一块骨头补到脊椎上来。手术完成以后，医生想多捞一点手术费，就说：“萧伯纳先生，这可是我从来没有做过的新手术啊！”萧伯纳一听，就明白了医生的意思，笑着回话说：“那好极了，请问您打算给我多少试验费呢？”

每个人提的任何一个问题，都有内在的动机，只不过有的问题动机很明显，就显现在问题中，而有些问题，动机隐藏得很深，需要仔细地思考才能体会到。面对提问，回话者的选择很多，但想清楚提问者的动机是回话的关键，这就要求回话者具备多元化的思维。

萧伯纳的反击幽默机智，正是建立在他听出医生话中动机的基础上，率先出击，从而占据了先机。生活和工作中，我们不妨学习一下萧伯纳的这种回话方式，用心辨别提问者的动机，先于对方提问，占据主动，不要等到被对方接二连三的问题逼到墙角时，再疲于应对。

小张是公司的技术员，深得老板信任。有一次，老板想安排小张和自己一同去美国出差，结果想要跟老板一起出差的人很多，一时间这件事成为公司热议的话题，业绩比小张好的员工也有不少，这让老板的压力很大。

这一天，老板当着大家的面问小张：“小张，你英语口语很不错，对吧？”

小张没多想，谦虚地回答道：“哪里哪里，我英语口语很一般。”

小张话音刚落，其他同事纷纷自荐：“老板，我的英语口语很好！”“老板，我的口语不错，沟通完全没问题！”

小张猛然醒悟，原来老板是想给自己一个机会。然而，小张这个回答就等于将机会拱手让给了别人。事实也是如此，最后老板将机会给了那位“口语很不错，沟通完全没问题”的同事。

很显然，上述案例中，小张并没有体会到老板提问的真正目的。小张的回话虽然中规中矩，却答非所问，结果导致自己错失良机，也很有可能就此失去老板的信任。说到动机，比老板的问题更难回答的，就是回答女人的问题了，下面举两个简单的例子：

1. 女人问：“你更爱过去的我，还是现在的我？”

这个问题的动机不是让你做选择题，而是考验你对她的爱；期待你给她一个安心的答案，甚至是暗示你，现在她内心对你缺乏安全感。如果不知道对方的潜在动机，这个问题无论怎样回答都是错的。

2. 女人问：“你和别的女人在一起，也是这样吗？”

看到这个问题，先不要忙着发誓。虽然这个问题的动机看似就呈现在问题表面，但如果只忙着发“你在我心中是独一无二的”“你在我心中是无可取代的”之类的誓言，那么，同样的问题再问一遍，你该如何回答？其实女人在问你这个问题的时候，潜在的动机是想问你有没有把她放在心里。

因此，单纯从问题表面，很难听出对方的动机，这个时候，不妨结合对方说话的表情、语气等信息来分析对方的动机，明白对方到底是什么心理，这样既能抢占先机，又能避免答非所问造成的尴尬局面。换句话说，就是不要沿着对方提出问题的表面看问题，即不要按照惯性思维来思考。

为对方着想，对方才会为你着想

“为对方着想，对方才会为你着想。”相信每一位读者都听到过这句话。在与人沟通时，要想取得显著的效果，就需要在回话时想对方之说想，说对方愿意听的话。只有做到以对方为中心，懂得站在对方的角度思考问题，才会赢得对方的信赖。

相信很多人，尤其是销售员都有过以下的疑惑：

“为什么我与客户接触了很久，客户就是不领情呢？”

“为什么我说的话，客户都不会注意听，只是一味地敷衍呢？”

“明明产品非常好，为什么客户就是不动心呢？”

有这样的疑惑，问题的关键是什么？先让我们看下这个例子：

甲、乙两个销售员到同一个客户那里推销家用电器。

甲见到客户后，便口若悬河地介绍自己商品的质量多么好、多么实用，如果不购买的话会多么可惜，结果客户毫不客气地打断了他，说：“不好意思，先生，我觉得它并不适合我。”甲只好灰溜溜地离开了。

乙见到客户，没有聊产品，而是跟客户拉起了家常。他通过和客户闲聊家里的装修设计，揣测客户生活的档次和消费品位；通过和客户聊桌上孩子照片的拍摄时间、地点，揣测客户的家庭情况。等介绍到家用电器时，乙没有直接向客户推介，而是询问起客户现有的家用电器在生活中有什么样的不便，客户需要什么样的款式和档次，并仔细地为客户分析使用最新电器能够给客户带来多少潜在利益。最后，乙并没有把手头的商品卖给客户，而是说公司最近会推出一款新机型，特别适合客户的要求，希望客户能够等一等，自己过段时间再来。

对于乙的拜访，客户非常感激，他深深地感到乙所说所做的都是从他的立场出发的。最后，客户当然以订单来报答。

当销售员抱怨客户时，最应该做的是换位思考一下，有没有考虑客户的需求？有没有照顾到客户的感受？是否只一味地关心自己的商品能否卖出去？是否只一味地夸赞自己的商品多么优质？

在销售过程中，客户最关心的人永远是他自己。如果销售员不能说一些客户最关心的东西，就相当于在说废话，那么销售员的拜访就是在浪费客户的时间，销售员的劝说就是在敲诈客户的金钱，销售员的不屈不挠就是在折磨客户的神经。视客户为“上帝”，以客户为中心，说起来很简单，可在实际销售中，销售员总是会不自觉地走偏。

晚上，农夫想把牛赶进牛棚，不料，牛却犯起了牛劲，死活不肯进牛棚。农夫使出了吃奶的劲，牛还是丝毫不动。这时，农夫的妻子从河边拔了一捧青草，然后一边喂牛一边向牛棚里走，结果很快就顺利地将牛带进了牛棚。

对于牛来说，它最关心的是什么？它不会关心晚上自己被偷后，主人家有没有损失；也不会关心主人的田还等着它第二天耕作；它关心的是能否吃到肥美的青草、喝到甘甜的井水。农妇意识到了牛最关心的就是自己的口腹之欲，所以能轻松搞定。

这个故事听起来很搞笑，但仔细想想，很多人每天忙活的样子，不同样很搞笑吗？你有这样那样的任务，你的产品比对手优秀好多等，但有时这些东西跟客户的需求是没有任何关系的。

有一种理念是，要想钓到鱼，就要像鱼那样思考，而不能像渔夫一样思考。要想赢得对方的尊重和信赖，首先要做的是站在对方的角度思考问题，而不能一味地站在自己的角度去看待问题。对方最关心他自己，销售员就应该投其所好，做到他们关心什么，销售员就关心什么。

客户才是“上帝”。不妨把自己定位在客户助理的角色上，时刻替客户着急，为客户出谋划策，帮助客户解决问题。如此一来，不但能获得客户的信任，也能和客户成为生意场外的朋友。

另外，在与客户接触过程中，一定要让客户感到开心、舒心、放心。这样，他们才会正视销售员的用心，为销售员带来订单。每个人都有自己与别人相处的习惯和方式。如果不遵守客户的习惯，势必会引起客户的反感，当客户对销售员产生疑问时，也就没有后来的成交了。

指出他人缺点时，先给予表扬再进行批评

很多时候我们希望身旁能有一位像良师益友一样的闺密，每当自己做事情出现偏差时，她能够及时地对自己批评指正，免得自己在错误的道路上越行越远。但是，当真的有闺密站出来指正我们的错误时，我们却感到反感。为什么我们渴望别人给自己提意见，但是当意见、忠告袭来之时，我们又不爱听，甚至听后还感到难受、气愤，自信心、自尊心受挫呢？

究其原因，大都是因为这些批评指正提出的方式使我们心生反感而无法接受。明白了这一层道理，我们今后就要注意，在批评别人的时候，自己所用的方式要让人乐于接受。善于批评的批评者，即使批评他人，也能做到批评“不逆耳”，把逆耳的话顺着说。

我们常说，良药苦口利于病，忠言逆耳利于行。但是我们要知道，现在的药外边都裹上了糖衣，这就使得良药不再苦口，既然良

药不苦，为什么忠言非要逆耳呢？

我们在说话时要先顺着对方的思路说，等到对方习惯我们的说话方式之后，我们再说出自己的意图，只有这样，我们才能说服对方，完成我们的本色演出。

换位思考，找对劝谏的方式，然后在接话当中用最适度的语言去感化对方，这样别人才会认可我们的劝谏，我们才能用自己话语的力量打动对方。

一天，李毅陪着女朋友王晓蕾一起逛街。这天天气很热，所以没走一会儿，李毅就已浑身是汗，一个劲儿地在一旁抱怨。

走到一家冷饮店门前，李毅实在走不动了，说："咱们休息一会儿好吗？天气这么热。"

王晓蕾说："才走了一个小时你就喊累啊！"

李毅说："你们女人是天生的购物狂，我们哪能和你们比！"

不知道为什么，王晓蕾听完此话，突然变得异常暴躁，把东西往地上一扔，说："哼，不想和我走，那你一个人走吧！谁稀罕和你逛！"

李毅摸不着头脑，迷惑地说："你这是干什么？"

可是，王晓蕾好像没有听见，依旧一个人站在一旁生闷气。这下子，李毅不知道该怎么办才好了。他发现路边有人正看他俩，更是羞得一脸红，于是有些凶巴巴地说："别闹了，人家都看着呢，多丢人！”

李毅原以为，这句话会让王晓蕾平静下来。谁知她扭过头，说：“你什么意思？你的意思是说，我在这里很丢你的人？”

李毅一愣，一时间竟无言以对。王晓蕾显得更生气了，说：“你怎么不说话，你是不是就是这么想的？你难道没看见我刚才不高兴吗？为什么你不会安慰我一句，反而说出那种话！”

“够了！”李毅终于忍无可忍，大声喊道，“我就是觉得你丢人，你丢人！”

顿时，王晓蕾的眼泪流了下来。她说：“我记住你这句话了！”说完，扭头就跑走了。李毅颓然坐在地上。他不知道自己是怎么了，竟然说出刚才那种话。他不停地喃喃自语道：“本来快乐的下午，怎么变成这个样子了？怎么变成这个样子了？”

李毅的失败之处就在于，说出了“别闹了，人家都看着呢，多丢人”的话。女孩本来就脸皮薄，加上正在气头之上，听到这种话，怎能不更加生气？怎能不转身离开？

不管是在生活中还是工作中，掌握说话的尺度都是非常重要的，如果我们掌握不好，欠了火候，说出来的话，就算是好话，也会因为阴差阳错而变成坏话，而这时，就需要我们掌握好说话的尺度，只有这样，我们才能及时避免话语中所能出现的疏漏。

我们劝解或者批评别人时，要有理有据，要找到一种能让对方接受的方式。只有这样，才能达到劝服别人的目的。

在进行批评时，最好先适当地表扬对方，通过提及对方干得好，而使对方认为并非自己全都不对，从而改善气氛，以保护对方的自尊，使对方感到既愿意又有能力去改进。

现代社会是一个人际关系复杂、社交活动频繁的社会，嘴巴厉害的人无论走到哪里都会受到欢迎。掌握好说话的“度”，即使是在批评人的时候，我们也能把批评的话说得动听，而且还可以让对方毫无怨言地接受，只有这样，我们才能走进对方的心，成功完成语言上的华丽转身。

别在他人失意之时，嘚瑟你的得意之事

人生不会永远一帆风顺，谁都有时运不济的时候，无论何时都要给自己留一条后路，凡事不能做绝。得意时，不要把别人逼到死角，要给对方台阶下。这不仅是给对方机会，也等于是为自己留了扇窗户。

“三十年河东，三十年河西”，如果当初给他人留了后路，落魄时对方也会向你伸出援手。如果之前太过盛气凌人，别人只会给你一脚，落井下石。

刘静大学毕业后，和她的一同学王艳进了同一家服装公司。因为是好友，所以，两人相处一直很和睦。但后来，刘静就开始向我发牢骚，而牢骚的主要原因是两个人开始暗地里较劲，都想早日被评为优秀员工，好升职加薪。

有一次，刘静整理的数据出了问题，领导在办公室里狠狠地批评了她："你来公司这么久了，怎么都不长心啊？这么简单的事你也出错，真是太让我失望了。"

这时候，王艳正好也来交东西，看到这一幕不但不给刘静台阶下，还趁机添油加醋地讽刺："我们是同一天来公司的，算算日子也不短了。"王艳的讽刺之意非常明显，刘静心里很生气。

领导又批评了刘静几句才让她出去重做。

"你刚才在领导办公室为什么添油加醋地给我告状？再怎么说我们也是同学啊。"刘静拦住王艳质问她。

"我哪有啊？"王艳还不承认。

"你还不承认！以后你别有事求到我！"刘静一时生气，开始发火。

"求你？哼，我才不会出错，咱们今天就一刀两断，以后走着瞧。"王艳把话说绝了，没有考虑这样说的后果。

三个月之后，刘静被评为优秀员工，提了组长，成了王艳的上级。虽然刘静被提了组长，但对王艳也没有什么要报复的心理，毕竟两人是同学，也是好友，不能因为工作上的事失去一个朋友。虽然刘静这么想，但每当她和王艳再见面时，还是会尴尬，而王艳因为当时说话带刺，让她在面对刘静时很不自在，最后没办法，还是辞职重新找工作了。

俗话说："饭可以多吃，话不可以多说，事不可以做绝。"这是为人处世的重要原则，也是中庸之道的重要体现。不给别人带来压力，同时给自己留一条后路，何乐而不为呢？王艳最后只能辞职走人，就是因为当初话说得太过，不懂得适可而止，丝毫不给自己和别人留余地，最后只能自食苦果了。

每个人的生活都会有起伏，甚至会是一种轮回，一时得意，也总会有失意来临；一时猖狂，也会有落魄来品尝。如果不懂得给别人留余地，不懂得适可而止，甚至借机落井下石，之后必然会受到打击。说话做事适可而止、留有余地，才是保护自己的最好方法。

我们周围总有这样的人，年轻气盛，做事冲动，凭借一时之气，总喜欢把话说绝，把事做绝，最终把自己逼入窘境。把事做得太绝，就好比杯子里装满了水，继续加水之后只会溢出，很难再满。

说话做事是需要智慧和胸怀的，有些事我们再有把握，也不能万分肯定，更不能把话说绝，丝毫不给人留质疑的余地。这么做不但会引起他人的反感，还可能给自己带来后患。

王琳大学毕业后，找了份很不错的工作，待遇丰厚，活儿也不累，还有大把的休息时间。

但王琳有些小虚荣，特别喜欢在别人面前显摆自己，炫耀自己有钱，彰显自己有追求、有品位。

每次见到朋友，她都会说："我的梦想就是环游世界，见识形形色色的人和事，那时，我就再也不是平庸的井底之蛙了。"

起初，大家都以为她说的是真的，都称赞她是浪漫主义者。

但是很久之后，她还是逢人就说自己要环游世界的梦想。渐渐地，大家都开始反感。

有一次聚会，一个朋友忍不住嘲讽她："你不是说一定要去环游世界吗？那你去过多少国内的旅游景点呢？"

王琳尴尬地说："几乎都没去过。"大家忍不住嘲笑她。

另一位朋友赶紧出来打圆场说："没事，没事，计划往往赶不上变化，王琳的计划肯定会慢慢实现的。"

这位朋友的及时救场，让王琳感激不已，从那之后，王琳时不时地就送些礼物给这位朋友，在这位朋友最需要帮助的时候，王琳也及时伸出援手。

每个人都有陷入尴尬、遇到困难，需要及时救场的时候，如果我们能为他人铺就一条出路，就等于给自己留个后路，以后也好办事。

在跟他人交往时，要懂得为别人考虑，得饶人处且饶人，不要把对方逼迫到无路可走。对他人仁慈一些，就是给自己留个机会。

此外，我们要端正自己的态度，不要拜高踩低，不要戴着有色眼镜看人。有些人比较势利，看着他人落魄就冷眼相待，甚至认为对落难者的投资是无用的。因此，面对这些人的请求，他们能躲就躲，不愿意伸出援手。这么做是不对的，在关键时刻要帮助他人，谁都有机遇不好的时候，现在落魄不等于永远不济，之后说不定还大有作为。

再者，我们还要有多在冷庙烧香的见识。平时有意识地多帮助时运不济的人，等他们有朝一日飞黄腾达之后，通常都会涌泉相报，这么做，也等于为自己留了后路。

做事留有余地是一种豁达睿智，是宰相肚里能撑船的表现，可以感动别人，得到别人的支持。要想在交际道路上走得更远，给自己留条后路是最好的方式，一旦发生不利的事，还会有回旋的余地，不致太孤立无援。

对别人的尊重，就是少用命令式口吻

当我们与别人沟通或请求别人去做一件事的时候，无论他的身份、角色、职位是什么，都不该用命令的语气，摆出一副颐指气使的样子。若是如此，人际关系一定会变得很糟糕。

张亮在公司当了一个小领导，说话总是喜欢用命令的口吻。

记得有一次，他请另一个朋友帮忙，鉴于彼此关系很熟，他说话也不客气，直接用命令的语气吩咐朋友去做。朋友听了之后，虽然嘴上勉强应承了下来，心里却很不是滋味，心里嘀咕道："就算是朋友，也不该这么不客气吧？我又不欠你什么，帮你做事却连一句好话都讨不到，难道我就活该听你使唤？"

朋友心中怒火难消，就一直拖着不给他办事，结果耽误了时日，没能办成。他因为误了事，心里很不舒服，埋怨朋友忘性大、不靠谱。此时，朋友对他已经无话可说，觉得他从来就不知道什么是尊重人，不宜深交。渐渐地，朋友就疏远了张亮。久而久之，两个人还闹起了意见，最后竟成了陌路。

尊重别人，不管对方是谁，如果希望对方能按照自己的意愿做事，就多提建议，而不是命令。在这方面，很多人存在的困难是：对待长辈、上级可能比较容易做到；可是对待晚辈、下属，尤其是自己的孩子时，就很难做到。他们认为命令更直接、更明确，没有必要与他们客套。所以我们常常听到大人冲着孩子大喊大叫："今天下午必须写完作业""把你的房间整理好"。

可以想象，这类人在家庭生活中指手画脚，然而他的家庭却常常一团糟，让他感到孩子们都不听话，真是太气人啦。其实，与其出力受气，反而不如多动动脑子，学学如何改变自己的作风，把命令的口气变成提建议。

王梅梅是一所职业学校的老师，有一次，她发现学校门口停着一辆车，正好堵住了道路。她二话不说，冲进教室就大声而严厉地呵斥："谁的车停在门口了？"

"是我的，老师。"一位学生回答说。

"马上开走，否则我叫警察给你拖走。"

王梅梅强硬的态度让学生心里很不舒服，从那以后，不仅这位学生，包括整个班的同学，都开始厌烦她，上她的课的时候，学生们总是看别的科目的资料。

其实王梅梅完全可以把这件事情处理得很好，而且也不得罪人的，如果她换一种语气：大家注意了，门口有辆车，堵住了道路，是谁的？请换个停车的地方吧。这样的语气和内容就很容易被人接受了。

把命令变成建议，效果就是这么明显。究其原因，命令往往是严厉的、呆板的，容易让人产生对立情绪。因为人人都渴望独立，人人都有自尊心，尤其是年轻人、关系密切的人，平时不怎么注意凸显他的自尊心，这时再以命令的语气去要求他，就会产生强烈的刺激。所以我们应该特别注意：不要以为亲近就可以为所欲为，事实恰恰相反，越是亲密的人，对其讲话的语气就应该越留神。当我们需要对方完成某件事时，用商量的口气建议他怎么做，会让他心甘情愿地去实施。

很多人都有这样的经验：在单位里有些人很难管教，是刺头，可他们偏偏对某位领导言听计从，这其中固然原因多多，但是这位领导很可能是采取了建议的方法。

安迪是一个很会沟通的人。在处理工作的时候，即便是发现了员工工作中的失误，她也总是把选择的权利交给当事人。比如有一次，她在审验员工做的一份季度生产报告的时候，发现了一些问题，但是她并没有明确地指出这个地方需要修改，而是把员工悄悄叫过来，告诉他说："你看这个地方，如果换成另外一种方式，是不是效果会不同？"

一般这样的建议性的意见，员工都会接受，并认真地考虑。安迪很少把自己的意见强加于人，而是善于以提醒的态度，让员工自己去发现工作中的疏漏。这样一来，员工们既做出了成绩，又会感激她的提醒。

多提建议，让对方感受到充分的尊重，使他产生受重视的感觉，他就会希望与你合作，而不是想方设法地反对你。用建议而不用命令，还是帮助一个人改错的良方。

有人说过："用建议来替代指使，可以令人信服；用请求替代指使，可以令人高兴地执行；用商量替代指使，会有人主动请缨；用赞美替代指使，对方会用行动证明你是对的。"既然有这么多的方式可以让我们达到预期的目的，为何我们偏偏要强硬地命令别人？为人处世的基本原则，就是懂得尊重别人。我们敬人一尺，别人自会敬我们一丈。

第四章

活得总是按部就班，如何看到更广阔的天空

思维决定眼界，看事情要有预见性

马云曾说过：“我一路走来备受质疑，许多人怀疑它、拒绝它、诽谤它。这就是新生事物，如果每个人都认同了，还轮得到我做吗？每个新生事物都是在非议中成长的。要成就一番事业，需要超前的眼光、敏锐的触觉，就是要做一些别人暂时不敢做的事，才能把握先机。当别人明白了，我们已经成功了。当别人理解了，我们已经富有了。”

很多企业家都是行业里的先驱，他们在创业之初会被一大群人嘲笑，几乎没人懂得他们在做些什么。比如我们身边很多习以为常的东西，在10年、20年前就是一种不敢想象的新东西。它们是那些伟大的企业家、发明家预想并实施的，但在成为现实之前，是被众人嘲笑的：“这东西能成吗？”他们顶住了这些非议，才创造了今天和未来，这正是大格局的体现。

1945年，第二次世界大战结束。战争留下来的大量物资都被当作废品处理掉了，没有人对这些东西感兴趣。然而，郭芳枫却触角敏锐，他认为：新加坡是全球重要的港口，战后恢复通航的话，很多国家的轮船一定要经过这里。那些商船一定会从新加坡购置大量的生活用品或进行船维修。这些被当作垃圾处理掉的物资，到时候也一定会大有市场。想到这一点，郭芳枫做出了一个决定：筹集资金，大量购买被当作废品处理的物资。

果然，各国航船来到新加坡后都大量购买物品，因为供不应求，那些当初被人们视为废品的物资顿时身价百倍。郭芳枫因此获得了巨额的利润。后来，郭芳枫成立了丰隆有限公司，下设六家分公司，一下子成为资金雄厚的商业集团总裁。

初战告捷的郭芳枫雄心勃勃地开始了下一步行动。通过对当时国际形势的认真分析，他对房地产和建筑材料产生了浓厚的兴趣。丰隆有限公司成立后的第一件事就是寻找有发展前途的地皮，之后用极其低廉的价格买下来。几年之后，正如郭芳枫所预料的那样，新加坡的地皮价格在一夜之间涨了数十倍，他廉价买进的地皮利润打着滚地向上翻。同时，房地产行业的发展增加了对建筑材料的需求，郭芳枫投资的水泥厂等建材工业也赚了不少钱。丰隆公司也随着资本的不断累积成为新加坡的实业巨头。

创造这一奇迹，郭芳枫的诀窍是："做生意要有远大的眼光，要适应时代的需要。"这句话听起来有些平淡无奇，实际上却包含着非常深刻的道理：未来就掌握在我们的手中，只要我们能够对它做出正确的预见，就一定能够成为未来的弄潮儿。

李嘉诚在总结自己五十多年的商海经验时说："当一个新生事物出现，只有5%的人知道时赶快做，这就是机会，做得早就是先机，别管是什么行业；当有50%的人知道时，你做个消费者就行了；当超过50%时，你看都不用去看了！"

这也就意味着，我们一定要学会站在未来的角度看今天。如果做不到，那我们就创造不了一个企业，更无法创造一个行业。这也是为什么生在一个同样的时代，有同样的机会，有的人可以先富起来，改变自己的命运；有的人却一无所有，后悔终生。这与眼光是否超前、创业者是否具有预见性有很大关系。

一百多年前，美国穿越大西洋的一根电缆线出现了破损，需要更换。通过政府文件和报纸的宣传，美国的每一个公民都知道了这件事，他们对此的反应很平静，觉得没有什么大不了的。但是，一个不起眼的珠宝店小老板却觉得这是一次难得的机会，并花重金买下了这根报废了的电缆线。

别人对他的做法感到不解：报废的电缆线能有什么用，这个人是不是脑子进水了？

面对众人的质疑，这个小老板表现得很沉默。他将那根报废了的电缆线仔细地清洗了一遍，然后又把它剪成一段段的金属段，装饰起来，作为纪念物摆放在珠宝店里出售。

那根破损无用的电缆线成为大西洋底的电缆纪念物，顿时身价倍增，人们争相前来购买。小老板也因为这根电缆线发了一笔财。

后来，他又买下一位皇后的一枚钻石。这枚淡黄色的钻石闪烁着迷人的光彩。大家都认为他买这枚钻石是为了等时机成熟之后再高价卖出。但是小老板并没有这样做，他举行了一个首饰展示会，用以展示皇后的钻石。消息一经传出，慕名而来的人几乎踏破了展示会大厅的门槛，争相一睹这枚钻石的风采。这位小老板仅靠门票的收入就赚到了大笔的钱财。

这位小老板的名字叫作查尔斯·刘易斯，他是一个磨坊主的儿子，后来成为美国赫赫有名的“钻石之王”。

有人说，查尔斯·刘易斯是一个经商天才，善于抓住机会。其实，机会对每个人都是均等的，只不过别人是从眼下的角度去考虑问题，因而抓不住机会，而查尔斯·刘易斯却能够把目光放长远，对未来有很好的推测和预见。

这就是一种站在未来的角度看今天的方式，面对这种理论，很多人可能会表现出一种本能的抗拒、质疑，或者是理性的好奇。但对有大格局的人来说，这正是乐趣所在。当我们在做一件事，而这件事还没有人知道是不是真实、能不能成功的时候，我们要做的就是朝着自己觉得正确的方向，坚定地走下去。就像那句早已传遍大街小巷的名言：“坚持不一定成功，但放弃一定失败。”

有些人看到信息，总是习惯性地主观臆断，觉得“这不可能”，然后轻易放弃；有些人却能看到信息背后的市场，并通过客观分析，认为“这有搞头”，然后迅速把握机会。总而言之，站在什么样的角度，有什么样的眼光，就得到什么样的结果。

要想成功就应该付出行动，不过，行动是受理念指导的，不同的理念会产生不同的行动，不同的行动也会产生不同的结果。心有大格局的人，都具有长远的眼光，能够立足当前，对未来做出准确的判断和预测，并采取果断的行动，最终才赢得了成功。要想获得非凡的成就，我们就应该学着培养自己预见未来的思维力。

站在更高的视角看问题，想法才会不同

想在公司获得更好的发展，我们就必须学会站在比自己现在更高的角度去思考问题。只有这样，才是一种大格局的表现，我们才能不断进步，让自己的职场之路越走越宽。否则，我们就只能待在普通员工的位置上，永远没有出头的机会。

康倩倩是某外贸公司的员工，一天，她向部门经理提交了一份报告。在报告中，她详细汇报了自己的工作，并列出了她所遇到的所有问题。

看到康倩倩的这份报告之后，经理特意把她叫到办公室，问

她对这些问题有什么看法，以及她准备怎么解决这些问题。谁知，康倩倩却理所当然地回答说：“问题我已经提出来了，至于怎么解决，并不是我该考虑的。毕竟我的职位低，我不能说让别人怎么做，这是领导的事情。”

每个人都希望自己能在工作中有出色的表现，更希望自己有机会做到主管、经理，或者是更高层的领导职务。但如果我们有康倩倩这样的想法和做法，那我们的希望就只能是希望，不会有实现的一天了。

当然，有人可能会觉得，自己只是个小员工，工作中遇到这样那样的问题，找自己的上司来解决是为了更快更好地完成工作，自己并没有什么错。这样想是没错，毕竟公司里每个层级能够支配公司资源的内容和范围都不同，考虑问题的高度自然也不一样。但这并不代表我们一有事就要去找自己的领导。

一般情况下，一个有大局观的员工，首先会考虑的应该是：如果自己是经理，我应该如何去处理这样的矛盾和问题，也就是从整个公司或整个部门的情况去考虑自己该如何做。这才是一种具有全局思维的思考方式，而这种思考本身就是一种锻炼和提高。如果我们没有经过这样的锻炼，即便公司想要提拔我们做主管、经理，我们也不知道该从何做起。

由此可见，思考问题的方式，有时可能会比获取知识更加重要，因为思维方式能够决定知识的使用方向和方法。只有我们的思维方式有所创新，新知识才能源源不断地产生。

大学毕业后，孙东东直接进入一家外贸公司工作。在熟悉工作的过程中，他发现销售部的月度方案中，每个人都有一个促销计划，他就问销售人员：“为什么一定要促销？”“促销的前提是什么？”“促销的本质是什么？”“促销的目的是什么？”“促销有什么替代方案？”

一开始，孙东东觉得大家看他就像看外星人一样，因为对于已经习惯促销的销售人员来说，这些问题都显得太幼稚了。但真正能回答他这些问题的人却不多，因为大家已经习惯了不去思考，而且当初公司的培训老师就是这么教他们的。

会问“为什么”，其实就是一种获得创新思维的方式，能够帮助我们站在更高的角度看待自己的工作，做到全面布局，统筹考虑。

比如当我们站在上司或老板的角度去思考问题时，就是站在上司或老板的角度去思考自己的工作内容和价值。这不仅需要明确对方提出的工作目标，还要认真领会上司或老板没有明确提出来的目标，全方位地为对方实现更高的目标服务。

而这，就不再是“完成这个月的销量”这么简单了。因为“完成这个月的销量”只是一个销售人员最简单、最低级的工作目标。但如果我们站在更高的角度，就会发现老板的目标可能是寻找新机会、新模式，或者拓展新市场、开拓新行业等。当我们悟透了这些目标，才能在完成工作目标的同时，实现老板的目标。

当然，全局观念、战略思维等，并不是天生就有的，而是我们长期学习、努力探索的结果，是融合了知识、才能、修养、智慧等方面的综合反映。当我们真正形成统揽全局的宽阔视野、洞察未来的眼光和战略思维后，就能确保我们在完成每项工作的时候，都能站在高处、看到远处、着眼大处、干到实处。

遇到难题，在反逻辑中寻求突破

在应对一些复杂的局面时，运用反逻辑的思维方式，可以突破一些常规思维的束缚，使问题向更有利于自己的方向发展。因为在反逻辑思考后，对事情的发展变化就会从多角度思考。做出来的事、说出来的话，在别人看来都是不合乎逻辑的，一时半会儿让人摸不着头脑。这样，不但在关键问题上可以制造一些缓冲，减少正面的冲撞、对立，也会有效地引导对方的思路，使其摆脱常规思维的束缚。

晚清时，曾国藩曾多次率领湘军与太平军激战，但总是打一仗败一仗，特别是在鄱阳湖一役中，差点丢了自己的老命。后来，他在上疏书中深表自责，其中有一句是“臣屡战屡败，请求处罚”。但有个幕僚觉得这种表述欠妥，建议他将“屡战屡败”改为“屡败屡战”。这么一改，果然收到奇效，皇帝非但没有责备他多次打败仗，而且还表扬了他。

在这个故事中，曾国藩只是将自己的表述颠倒了一个顺序，结果产生了完全不同的效果。这就是反逻辑的力量。其实，在现实生活中，我们也经常见到这种反逻辑的表达，或是做事方式。它往往能达到一种出奇制胜的效果。

以上面的故事为例，在正常情况下，我们思维逻辑是：“臣屡战屡败，请求处罚。”反逻辑的表达是：“臣屡败屡战，请求处罚。”“屡战屡败”，重在强调每次战斗都失败，给人的直观感受是，此人为常败将军；而“屡败屡战”，却强烈地表达了自己对皇帝的忠心，以及永不言败的勇气。

有一次，魏文侯问李克：“吴王夫差为什么会失败，并且亡国了呢？”

李克的回答十分简洁、干脆，他说：“主要在于夫差经常征战，又经常胜利。”

听他这么一说，魏文侯感到非常吃惊，于是皱着眉头问道：“经常征战，且经常胜利，这对国家是一件幸事，怎么能成为亡国的理由呢？”

李克顿了顿，淡淡地说：“经常作战，则将士身心疲惫，经常胜利，则大将骄傲自满。一身傲气的大将带领一群身心疲惫的士兵，岂有不灭亡的道理？”

听了李克的话，魏文侯连连点头称是。

刚开始，李克回答魏文侯的问话时，便利用了反逻辑，从而把魏文侯的胃口吊了起来。在此基础上，李克再阐述自己的观点，魏文侯就很容易接受了。所以，高手说话、做事反逻辑、不走寻常路，并不是为了哗众取宠，而是另有深意，在别人不明就里时，以反逻辑讲出的话、做出的事，可以使人感受到期待与嘱托，明白利害冲突，从而让人深深铭记并随时可以想到它。

两千多年前，古代先贤便把反逻辑当作了一种破局的思路。

据《史记·卷六十五·孙子吴起列传》记载：公元前354年，魏国大将庞涓率军围攻赵都邯郸，双方战守年余，赵衰魏疲。这时，齐国应赵国的请求，派遣大将田忌、军师孙膑，率兵八万救赵。刚开始，田忌与孙膑率兵进入魏赵两国交界之地时，田忌打算带兵攻打邯郸城，而孙膑认为：要解开纷乱的丝结，不能强拉硬扯，要排解双方的争斗，就不能直接参与其中，平息纠纷要抓住要害，乘虚取势，双方因受到制约才能自然分开。所以，解围的关键在于：避实就虚，击中要害。

于是孙膑向田忌献了一计：“现在，魏军主力集中在邯郸，魏都大梁内部空虚，如果我们带兵直插大梁，占据交通要道，袭击它空虚的地方，庞涓一定会回师自救。这样一来，就会解邯郸之围。我们再于中途伏击庞涓归路，魏军必败。”

事情果然如孙膑所料，魏军匆忙离开邯郸，在返回的途中又遭到伏击，与齐军战于桂陵。因为魏军士兵长途奔波，疲惫不堪，结果溃不成军，庞涓勉强收拢残部退回大梁。这一战齐军大胜，邯郸之围旋即解除。

孙膑用围攻魏国的办法来帮赵国解危，这在中国历史上是一个很有名的战例，被后来的军事家们列为“三十六计”中的第二计。围魏救赵的精彩之处在于：以反逻辑的方式，以表面看来舍近求远的方法，从事物的本源上去解决问题，而不是纠缠于表面，从而取得一招制胜的神奇效果。

“法有定论，兵无常形。”在纷繁复杂的战场上，灵活、恰当地运用反逻辑的思维方式，往往能够取得意想不到的效果。《孙子兵法》曰：“不尽知用兵之害者，不能尽得用兵之利。”又曰：“智者之虑，必杂于利害，杂于利而务可信也，杂于害而患可解也。”在这里，“杂于利害”其实就是一种反逻辑思维。

现实生活当中，我们都习惯用定向的、惯性的逻辑去思考。反逻辑思维则是把通常思考问题的思路反过来，用对立的、看似不可能的办法去解决难题。利用反逻辑思维可以巧妙地解决一些正常思维所不能解决的问题。所以遇到难题，不妨从多个角度去寻求破局的玄机。

推开未知的门，敢于踏入陌生的世界

在一个很古老的国度，有一个国王在行刑场上告诉自己的俘虏：“我现在给你们两个选择，一个是直接接受死亡，一个则是选择推开你们面前的这扇门，由门后面的世界决定你们的出路。当然，我不会告诉你们这扇门的后面是什么，你们的运气完全由这扇门来决定。”说完，他就让这些俘虏自己选择。结果，在死与未知之间，这些俘虏都选择了死亡。最后这个国王不得不痛惜地告诉这些俘虏，其实那扇门的背后是他们每个人都渴盼的自由。

也许我们对于无知的恐惧永远大于死亡的恐惧。但是，就是在这种巨大的恐惧中往往蕴藏着巨大的机遇。如果我们渴望机遇的降临，就不能因为害怕而不去尝试。

大家都知道哥伦布的故事，哥伦布小的时候，就认为地球是一个球体。而那时的人认为，人类绝对不可能从西方到达富庶的东方，如果从西班牙向西航行的话，不出500海里，就会掉进无尽的深渊。为了证明自己的观点，1485年，哥伦布到葡萄牙国王那里去游说：“其实我们从此向西走，走到一定的距离后，也能到达东方，如果你们肯拿出钱来支持我的话，这一定是事实。”葡萄牙国王没有答应他，认为他是一个骗子。于是哥伦布又到西班牙国王那里游说，西班牙国王也没有答应他。哥伦布并没有因此而灰心，尽管他接二连三地碰壁，奔波的同时还花光了他的积蓄。但是，他坚信自己的理论。最后，哥伦布终于等到了一个机会，西班牙皇后经过哥伦布一个朋友的劝说，答应支持哥伦布去冒险，万一哥伦布这个计划失败，她也就是损失一点小钱。

最后的结果是，哥伦布以他坚定的毅力带领随行的水手们，历尽千辛万苦在美洲大陆插上了西班牙的国旗。

对于未知世界的恐惧我们都会有，但是，当我们有勇气推开一扇门的时候，我们的世界也许就会因此而改变。生命应该是多姿多彩的，我们每个人都应该有各自不同的生活。一个真正有创造力的人不会重复别人的生活模式，他们会因为自己的追求，而努力开拓着自己的未来。

生活中，有很多人从没有自己的立场，别人认为不可能的事，在他们看来就不只是不可能，而且还增加了恐惧。这种人无论对待工作还是对待生活都不会灵活运用已有的知识，而是因循守旧，人云亦云，他们不会有大的发展前途，混日子是他们的强项。所以，他们的人生也只能是平庸而低俗的。

如果你想踏入别人未涉足的领域，就应该独辟蹊径，去走那些别人没有走过的路，推开别人没有推开过的门。这样你才有机会看到别人未曾见到过的美景。

哈罗啤酒进军比利时首都布鲁塞尔的时候，有许多人认为是相当困难的。而当时的哈罗啤酒厂的市场份额在逐步地减少，可以说当时哈罗啤酒正面临着倒闭危机。哈罗啤酒厂没有钱在电视或报纸上做广告，尽管销售员林达多次建议厂长做些广告，但都被厂长拒绝了。林达决定冒险去打开比利时这个市场，于是他贷款承包了哈罗啤酒厂的销售工作。但如何去做广告成了林达的心病。当他徘徊到布鲁塞尔市中心的于连广场时，看到广场中心那个撒尿的男孩，想到小英雄于连用自己的尿浇灭了敌人炸城的导火线而挽救了这个城市时，林达突然有了主意，决定自己要做一件别人从未做过的事情。

翌日，于连广场上的人们发现于连雕像的尿由水变成了金黄剔透、泡沫泛起的“哈罗”啤酒。旁边还立着一块写着“哈罗啤酒免费品尝”的广告牌。结果这一创意引得很多人关注，市民们拿着自己的瓶瓶罐罐来接啤酒喝。媒体也争着报道这一奇观。

那一年，该厂的啤酒销量一下子增长了近20倍，这个叫林达的小伙子轰动了整个欧洲，成了闻名布鲁塞尔的销售专家。

也许你会说这样的事谁都会做，但是，既然谁都会做，为什么就只有林达一个人成功地利用了这一机会呢？这就是一个愿不愿意打开思路并敢于冒险的问题。其实，许多很困难的事只要我们能够打开思路并勇敢地去做，我们也会成功，只要我们勇于推开一扇门，就会发现世界上的许多门都是虚掩着的。别人没有走过的路未必就充满着艰难险阻，别人没有推开过的门也不一定就是被锁着的。

勇于踏入那些别人从未涉足的领域还有一个最大的好处，那就是没有竞争的压力。只要这扇门被我们推开了，我们就等于直接取得了财富。

不断创新，是一个企业生存的保障

市场和顾客是企业赖以生存的基础。如何才能获得更大的市场和更多的顾客呢？关键的一点就取决于企业所提供的产品和服务。优秀的产品总是比较容易打动顾客和打开市场，因此，创新就成了企业的竞争优势。而创新是一个长久的过程，这需要企业将创新进行到底。

创新，无论在哪一个行业都不是一个陌生的话题。早在以电脑等电子产品的产生为标志的第三次科技革命来临之时，这个术语就开始在世界风行，它在每一个领域都带来翻天覆地的变化，在每一个行业都被喊得如雷贯耳。创新所带来的一切，正在迅速地改变着世界的面貌，随之而来的是商业环境的巨变。要在商业社会里赢得生存和成长的机会，创新是唯一的途径。

任何一个企业一旦脱离创新，就如鱼脱离了水一样很快就会死亡。企业在激烈的市场竞争中生存下来的唯一方式，就是将创新进行到底。不断创新不仅是一个企业生存的保障，也是企业获得发展的前提。

每一个企业都面临着创新还是死亡的问题，只有将创新贯彻于公司发展的始终，才能够永远立于不败之地。普利姆吉就是这样的人，他使Wipro从一家小型的食用油公司发展成为世界上排名前20名的IT企业，创新的作用是功不可没的。普利姆吉的勇于创新，给创业初期的Wipro带来了无尽的活力，使其取得了快速的发展。

自1980年进军科技市场以来，普利姆吉就领导着wipro大力实施着改革创新，通过大胆的设想和先进的技术，制造出第一批电脑。之后，普利姆吉及同事以满足客户的需求为出发点，集中精力研究最先进的技术。虽然这些技术并没有获得大量的自主知识产权，却为客户创造了价值。另外，普利姆吉还鼓励员工提出创新性的客户服务解决方案，为客户解决了许多疑难问题。

为了使创新真正成为企业的活力源泉，普利姆吉把创新纳入年度策略和运营规划。在公司，普利姆吉亲自领导技术业务部门，鼓励这些部门的创新。另外，普利姆吉及助手还组建了创新机构，这个机构不同于常规的软件研发部门，它是给创新者提供一个创新的空间，每一个员工在这里都感觉到自己备受重视，从而充满斗志。

普利姆吉大力提倡创新，在wipro，从程序员到总经理，所有的人都可以通过公司的网站或者是电子邮件向公司创新委员会提交自己的建议。创新是每一位员工绩效评定的一部分，被记载在高级主管的业务绩效记分卡上。普利姆吉每三个月就会根据业务绩效记分卡审定一次创新衡量标准，对成绩明显的员工给以适当的奖励。

另外，普利姆吉提拔了一位带领公司员工取得不少技术创新的电信业务主管担任公司首席运营官，并对其提出要求：展开更大力度的创新。上任之初，这位首席运营官便采取措施，通过奖金等方式，鼓励员工进行技术性的创新，取得了明显的效果。经过努力，他实现了普利姆吉设想中的突破性创新，寻找出了技术服务综合性项目和能在数年内创造1～2亿美元的新业务。

创新在Wipro公司的发展历程中起着十分重要的作用，正是一次又一次不断的创新和改革，使得wipro走向世界最先进的企业行列。创新是一个长久的过程，不是一下子就能完成的，没有人可以在创新的领域一蹴而就、一劳永逸。

在创新已经成为企业生存的根本的当今社会，所有的企业都处在一个十字路口，充满活力、善于改革的企业将与没有创新的公司走上截然不同的道路。对于积极创新的企业来说，当今的市场仍有许多亟待开发的处女地，而对于创意枯竭的企业来说，市场到处都是暗礁险滩。没有创新，企业迟早会被市场淘汰。可以说，把创新仅仅当作空口号喊的企业与没有创新的企业毫无差别，其结局一样是被顾客遗忘，从而失掉市场。

创新是一个长久的过程，在当今的经济环境下，企业生存发展的必要条件就是不断地创新。任何一个企业离开创新都会迅速被市场淘汰。世界经济一体化的发展为企业的创新提出了更严峻的挑战，企业要想在竞争中永远保持优势，必须具有持续变革、不断创新的能力。

墨守成规，迟早被时代淘汰

当今的许多企业都在倡导创新，并且一直在进行积极的尝试。然而，很多企业一旦创新取得一定的成果，就会待在原地不再追求上进，而创新也会永远停在这个地方，企业的发展也停滞不前。

这些企业的通病是在追求创新的时候被过去的成功所累，也可以说是被过去的经验所累。而企业要想取得长久的发展，就必须摈弃这一思想。

一个企业的成功不但要有优秀的员工、高效率的团队，更需要不墨守成规、勇于创新的企业管理者。企业管理者要能够高瞻远瞩，很好地把握企业的发展方向，也要能够将企业拧成一股绳，形成一个特别有竞争力的团队。但是，这只是对一个企业管理者最基本的要求。一个优秀杰出的企业管理者在具备了上述的能力之后，还需要一个特质——不墨守成规，敢于迎接挑战，更敢于探索，能够打破僵化的思想，拆掉思维这堵“墙”。

众所周知，在企业的经营过程中，各种各样的问题总是层出不穷。如果企业管理者总是用一个固定的思维看待问题、解决问题，那么就无法找准问题的症结所在，无法从根本上解决这些问题，最终在决策上失误连连，引发企业的生存危机。而这一切，都是墨守成规惹的祸。所以，每一个企业管理者在管理中都要锻炼出全面的开拓性思维，既要有创新，更要有创新意识，只有这样才能够让企业进行正常的新陈代谢，获得不错的发展。

李·艾克卡就是一个伟大的管理专家，在美国汽车业巨头福特公司任过总经理，最后又入驻克莱斯勒公司，并成功地将克莱斯勒从死亡线上拉了回来。

李·艾克卡当上福特公司的总经理之后，便开始对福特公司进行大刀阔斧的改革，但是他的改革引起了福特公司董事长的不满。福特公司从创立到李·艾克卡进入时，都遵循传统的产销管理思维，这种已经落后的经营管理思想使得福特汽车公司的管理机制十分僵化，根本没有任何的创造力——墨守成规的管理思维导致企业发展缓慢，业绩已经开始大幅下滑。于是，李·艾克卡顶着和董事长闹翻脸的风险，依然坚持自己的改革——制定不墨守成规的管理机制，开拓新的产品，进军新市场。结果，在李·艾克卡的不懈努力之下，福特汽车公司的销售业绩大幅增加，而且开发出了著名的“野马”汽车。该车的年销量一度达到40多万辆，李·艾克卡更是被称为“野马汽车之父”。纵观福特汽车的发展历程，李·艾克卡在总经理职位期间很好地开拓了福特的品牌影响力，并且使福特汽车度过了最艰难的一个发展时期。

在李·艾克卡帮助福特汽车走出发展困境之后，他又选择了去做克莱斯勒公司的总裁。要知道，克莱斯勒公司也是美国汽车业巨头之一。在李·艾克卡进入克莱斯勒公司的时候，克莱斯勒公司的整体经营状况比他想象的还要糟糕，因为前任总裁的无能和管理思维的僵化，导致克莱斯勒公司已经处在即将申请破产保护的境地。就在李·艾克卡上任的当天，该公司宣告上季度亏损1.7亿美元。在这种情况下，李·艾克卡并没有选择退缩，而是迎难而上。上任之后，他首先放下总裁的架子，深入一线进行调研，接着开始做整个管理层的思维开拓工作。

经过最初阶段的忙碌之后，李·艾克卡做出了一个令所有人都想不到的创新发展策略——“共同牺牲维持发展”的策略，即大幅度削减支出来稳定企业。培养一个员工不容易，不裁员就只能减薪。李·艾克卡先从自己做起，将36万美元的年薪减为1美元。在李·艾克卡的表率作用下，员工们也都纷纷开始响应他的发展策略。此后，李·艾克卡又对公司的管理层进行了整顿，原来的管理层仅副总裁就多达35位。做完这些之后，李·艾克卡紧接着就进行产品市场渠道革新开拓，最终为克莱斯勒公司建立了拥有强大销售能力的市场渠道网。五年之后，李·艾克卡带领克莱斯勒公司脱离了险境，再次焕发出强大的生命力。对此，李·艾克卡说："我们需要让自己不那么古板。公司有了古板的性格后，就如一个没有朋友的古板之人，最终只能是越来越孤独。只要我们能够理性地去改变自己，那么一切都会好起来。"

李·艾克卡就是一个优秀杰出的企业管理者，他的成功就在于他不会墨守成规，开拓创新是他成功的关键因素。

对于任何一个企业而言，无论是长期还是短期，企业都不能在管理中犯墨守成规的错误。企业管理者必须不断地探索技术和新的经营思路，倾尽全力将企业打造成为一个拥有创新机制、能够灵活发展的企业，才能够证明企业管理者的能力和实现其价值。但是，要让企业管理者抛却墨守成规的老思路，实施创新型的灵活管理模式，对于很多企业管理者而言都不是一件特别容易的事情。

企业在创新的过程中，最忌讳的就是满足于现状，满足于当下的成功。善于创新的企业如同一棵大树，当树枝上硕果累累，产品种类很多，市场反应很好，企业有很大的产值和丰厚的利润时，很多企业管理者就会沉醉其中，沾沾自喜，从此丧失发起下一次冲击的动力。这对企业来说，无疑是一种无形的伤害，长久这样下去，企业发展就会停滞。

企业管理者一定要注重企业的创新，同时不要沉溺于创新带来的成功，要在成功的基础上不断创新。只有时时追求创新，时时讲创新，在创新的基础上寻找更高层次的创新，企业才能一路向前，否则企业早晚都会被淘汰掉。

创业阶段，永远不要失去一颗好奇心

创业是一条艰难且充满挑战和刺激的过程，因为人们对未来的不确定和憧憬，才让更多的人想要通过创业来实现自我价值。但由于我们每个人的过往经历不同，所掌握的知识和视野不同，所以每个人看待问题的思维角度也是不同的。要想得到更多的机会，突破现有的思维局限，拥有大格局，就需要我们在思维突破的环境中保持一定的好奇心。

埃隆·马斯克是SpaceX太空探索技术公司、环保跑车公司特斯拉和SolarCity三家公司的掌门人。而他之所以能做到这一步，很大程度上就是因为在不同的高科技领域，都能很好地保持自己的好奇心，并开放自己的思维。

比如马斯克提出的超级高铁项目。在传统思维中，在地下挖掘隧道，是一个极端耗费财力的项目。但马斯克首先想到的是：将隧道的直径从普通的28英尺缩小到12英尺，这样挖掘的成本也会相应减少。然后马斯克考虑到现在的盾构机挖掘隧道，将其中一半的时间用于挖掘，另一半的时间则用于加固隧道。因此，马斯克就设想将机械设计改成连续挖掘和加固。这就可以带来两倍的成本改善。

另外，马斯克还觉得机械并没有达到功率的极限和热极限，那就意味着还可以大幅增加盾构机的功率。如此，就可以再带来至少两倍，甚至4~5倍的改善。通过这一系列的改进，则可以让高铁项目在每英里的建造成本中，实现超过一个数量级的改善。

后来，他的那些大胆的想法不仅得到了业内人士的热心帮助，也一次又一次地成就了自己的事业。比如在2005年，年仅34岁的马斯克已经身价超过3亿美元，他不满40岁时，关于互联网、清洁能源和太空这三个理想已经全部实现。

在创业的过程中，如果我们可以保持一颗好奇的心，也许每天都会有一些新的发现。而当我们向新事物、老问题等追求更方便、更快捷、更低成本的出众方案时，我们局限的思维可能就会被打开。

这也是为什么同样的创业问题，有的人能解决，而有的人却在不断试错。其关键就在于我们是否愿意用开放的态度，去多交流、考察和学习。

比如小米的创始人雷军，就曾以“投资人”的身份拜访过手机行业内的各个人士，并与他们交流、讨论。最后才形成了集各家之长的营销模式，把自己的风险、资金等都降低的情况下，完成了小米的突围。

当然，在这个过程中，有的人可能会担心：“我想到一个好点子，但我不敢跟别人说，害怕一说出来别人就会去做了，而我就没有机会了。”这其实就是一种自我设限，需要我们直面思维上的突破。

有位创业者给一著名企业家私信说：我想到一个“很好”的移动互联网创业项目，想获得一笔融资，但我又担心这个想法会被投资人“抄袭”，使我失去原本属于我的机会，我该怎么办？

企业家给这位创业者讲了一段自己的经历，并给了对方一定的建议。其回复内容是这样的：

在2005年，有个做职业装定制的老板跟我谈到转型的问题，问我有没有建议，我说你可以通过网络渠道，只做衬衫。这个思维如果放在今天来说，真的太简单了，因为大家都知道。但在那个时候，还没有凡客、PPG什么的，而我有自己的软件公司，对服装行业也不太感兴趣，所以这个“想法”很珍贵。

对于你的问题，我建议你先想想看：你的一个想法说出来别人就能比你做得更好、思考得更有深度吗？如果是，就说明这个项目去除想法后，你没有一点比别人占优势。往坏里说，就表示你没有团队、架构和运营，反正你也做不起来，何不做个顺水人情。以后还可以到处吹牛皮，说某某行业当初的想法是我提供的建议。

想要破除自己设限的思维，就要先学会跳出固有思维，换个想法来看待那些自以为的“不可能”。比如有些准备通过网络做营销的创业者总是这样说：“我不会玩新闻源，不会玩头条，没有资金，不会做互联网，所以我们根本学不会网络营销。”

事实上，任何人只要愿意开始，就会知道是如何开始的。现在网络如此发达，只要我们想，就可以通过互联网找到自己想要的任何资料。而我们只需要“照猫画虎”，一般都可以在互联网上盈利。那些所谓的“不会”，只是不愿意做而已。

因为我们一说自己“不会”，心理就会变得非常轻松，就可以顺理成章地把一切责任都推给别人，推给“不会”。这样的思维，其实就是把自己的未来给抛弃了。而但凡是个大佬、是个有大格局的人，思维都是非常开放的。比如马云就是一个思维开放的人，他在电脑还没普及的年代，就开始推广电商了。所以我们需要做的，就是改变自己的思维定式，保持一颗好奇心，做任何事情的“挖掘者”，从而在某一领域实现最大的成功。

第五章

丢掉老观念，职场和你想的不一样

职场最大的禁忌，就是你表现得比谁都聪明

在我们的工作当中，有很多内心敏感的人喜欢装有学问，生怕周围的同事看不起他，他想让所有人都知道自己是一个多有本事、多有能力的人。其实，真正有本事、有能力的人都喜欢装傻，这叫大智若愚。某个同事你怎么看都觉得他有点傻？其实他是在装傻，他是揣着明白装糊涂。在职场上，你只有懂得“装傻”，才不会让自己成为一个傻瓜。

在其他同事的眼里，那些喜欢“装傻”的同事就是不识时务、顽固、反应迟钝、不懂变通，但经过时间的考验后，很多聪明人的理论却站不住脚跟了，被一波接一波的大浪卷走，剩下的一些“迟钝者”却往往以其坚忍不拔的精神闪耀出金子般的光芒，最终获得公司领导者的赏识，成功实现他们的梦想。这个时候你就会发现，原来他们是大智若愚，是真正有智慧的人。

尤其对于刚入职场的毕业生来说，你要学会“装傻”，那不仅是一种策略，更是一种智慧。

经过多年的辛苦经营，某公司成了所在行业的领军企业之一。

但同时，公司面临的挑战与压力也与日俱增：一方面竞争对手穷追不舍，公司的市场不断受到蚕食；另一方面，营销体系及相应的制度都有些混乱，区域市场的管理出现许多漏洞。戴明和方铮都是这家公司刚引入的两名高级营销人才，出任公司的副总监，分管不同的市场营销，共同向总经理及董事会汇报。这家公司引入戴明和方铮这两位高级营销人才，正是为了解决公司当下面临的问题与挑战。

从工作背景来看，两个人十分相似：毕业于不同的名牌大学，都曾任职于著名的跨国公司，而且二人都对工作充满高度的热情与信心，迫切希望通过自己的努力做出成就。在公司举行的欢迎会上，两个人都向董事会许下承诺：一年半之内会让自己所负责的区域市场有很大的改变。

在正式接过令箭牌之后，他们俩同时做的第一件事就是改革，从体制、人员和营销方案上等，引入外资公司一套成熟的制度进行实践。虽然职业背景非常相似，但戴明和方铮两人的工作风格却大相径庭。戴明很有外企经理人的工作风范，做事雷厉风行，而且说话直言不讳。他的洞察力与市场判断力，让许多下属很是佩服。而方铮却很像职场版的“许三多”，平时总是憨憨地笑，性格不温不火，做事淡定从容。许多人都认为戴明将会比方铮更能做出成绩。

一年的时间过去了，方铮提前兑现了自己的诺言，而戴明主管的那块市场还是像死水一般，在期限到来之前，局面扭转的可能性几乎为零。

上述故事中的戴明做事风风火火、雷厉风行，而方铮则给人憨憨傻傻的感觉，按理说肯定是戴明能够成功，结果却大出人们的意料。其实，这样的结局亦是在意料之中。戴明自以为聪明，方铮却让人觉得自己很“傻”，其实这才是真正的聪明。

所谓的“装傻”，也就是说要有一种“钝感力”。“钝感力”一词是日本著名作家渡边淳一的发明。按照渡边淳一自己的解释，“钝感力”可直译为“迟钝的力量”，即从容面对生活中的挫折和伤痛，坚定地朝着自己的方向前进，它是“赢得美好生活的手段和智慧”。

让我们具有“钝感力”并不是让我们变得迟钝。“钝感力”强调的是对逆境的一种耐力，是厚着脸皮对抗外界的能力。“钝感力”是一种积极向上的人生态度。“钝感”感觉有点像大智若愚的含义。我们生活在一个快节奏的社会里，现代人的敏感经常容易受到外界的伤害，而钝感虽留给人感觉迟钝、木讷的负面印象，却能让人们不会觉得烦恼，不会气馁。钝感力恰似一种不让自己受伤的力量。在各自世界里取得成功的人士，其内心深处一定隐藏着一种绝妙的钝感力。《士兵突击》中许三多的形象之所以广受欢迎，正好说明了钝感力的妙处所在。

职场就是一个弱肉强食、尔虞我诈的生态圈，在这个圈子里，大家互相竞争，斗争在所难免，弱肉强食、优胜劣汰也是常态。保持一定的敏感度是必要的，但是更为重要的是对自己价值的内在认同、对目标实现的不变坚持，从而在努力过程中，有意识地去排除各种杂音与干扰。正是这种貌似“迟钝”的顽强意志使我们能够突破重重障碍，步步向前，最终实现自己的发展梦想。迟钝是一种大智慧，是大智若愚的表现，它比“聪明”更能帮助我们成长与进步。

因此，在职场上，那些自以为聪明的人，往往是跑龙套的命；那些会“装傻”的人才是真正聪明的人。他们是大智若愚，该精明时精明，不该精明时装傻。

职场从不怕被利用，只怕你没有用

不同的人，对同一件事情的反应是不一样的。是什么造成了这种差别？不是先天性因素，而是思维模式。

举个例子：领导交给你一项任务，对怎么完成这项任务你又不是很在行，那你是做，还是不做呢？你可能会做出以下三种选择。

第一种：没有时间做。

第二种：可以做，没有问题。

第三种：马上去做，不过得先把手头的工作做完。

如果你做第一种选择，说明你带着某种怨气，对领导给你增加工作量不满，觉得领导在利用你。如果是第三种，说明你有些不满，但是领导张开了嘴，你也只好应付，有一种无可奈何的感觉。如果是第二种，说明你态度积极，愿意接受更多的任务，学习更多的知识，从而取得更大的成绩。

在一家公司任职，如果你没有明确的人生目标，只想着如何不被利用，那么只有混日子一条路。但是如果你立了志向，有了目标，那么公司这个规则就被你打破了，这时候不是老板利用你，而是你在利用老板。比如，你可以跟公司的设计师学习制图方法，跟销售精英学习销售技巧……只要你愿意学，可以学到许多东西，这时，公司就是你提升自己的平台。

如果用常规思维理解，上面提到的“利用”应该算贬义词。心理学对“利用”的解释为：动用心机甚至阴谋诱使别人在不知道自己真实想法的情况下帮助自己达到目的。也就是说，因为被利用者自身能力不足，就把被利用者当枪使，让他们为自己冲锋陷阵，在个人目的达成后，一般不会再理会被利用者。

如果用成长型思维来理解，“利用”是指，在尽可能公平的基础上，让对方发挥自己的能力，帮助自己完成自己无法完成的事情。也就是说，被利用者能力很强，他们或许技术超凡，或许名望很高，或许人脉广泛，等等。总之，被利用者有高人一等的能力。

在职场中，一个人只有先创造了被利用的价值，才能利用别人。比如，你在争取一份工作的时候，其实也是在争取被利用的机会，你没有被公司利用，那你的价值就得不到体现，你就无法利用公司这个平台实现个人的目标。所以，拥有成长型思维的人，都会积极打造自己的核心竞争力，创造并提升自己“被利用的”价值。因为在被利用的同时，他们可以利用获得的平台和资源，去实现个人的理想与目标。

陈强在一家酒店工作，参与酒店管理系统的研发和维修。酒店负责安保的主管经常找到陈强，和他称兄道弟，然后请陈强帮他处理一下技术上的漏洞。陈强也没多想，每次都认真地帮忙修护。

后来，在一次紧急事故中，因为安保部门技术严密，没有给酒店造成实质性损失，得到了上级的特别奖励。陈强的同事知道是陈强的功劳，便对他说：“你是被人利用了，人家一个字都没提起你，把功劳全揽到自己身上了。”陈强也越想越生气，直接和安保主管闹翻了。

这一闹，他在酒店渐渐成了孤家寡人。因为陈强对自己工作外的求助一概拒绝，久而久之，各部门间有合作也没人叫他。没有了在其他部门的实践经验，他研发的系统也开始出错，慢慢地不再受到重用，被领导嫌弃。

我们都不喜欢被人利用，但这不妨碍我们去努力成为一个有“利用价值”的人，因为进入社会之后，我们的大部分人脉都基于利益交换关系。在职场，我们越有利用价值，说明我们的能力就越大。只有一无是处的人，别人才不会去利用。

因此，进入职场的我们，要学着把胸怀放开，别人在利用我们时，我们又何尝不是在利用别人。毕竟，“等价交换”才是职场人际关系的根本，是构建和维系庞大人脉资源的基础。而那些还没有认清这一点的人，要么没吃过亏，要么脑子还没转过弯。

不断提升自己可以“被利用”的价值，可以让一个人从平庸走向卓越。想不断提升自己“被利用”的价值，就要不断打造自己的核心竞争力，使自己的能力不断得到成长，才能获得更多的机会。

在当下，总有些人抱怨自己怀才不遇，实际情况是：一是自己根本没有才；二是有才也不愿意被人利用。如果你的才华无法转变为公司的价值，公司就不会为你提供更大的平台与空间。提升自己“被利用”的价值，不但会给企业一个发展的机会，也会给自己一个成功的机会。所以，不要怕自己被利用，就怕自己没有用。

总想绕开错误，就是在拒绝成功

常规思维会主导我们形成一种“有了错误就无缘于成功”的想法。诚然，很多失败都是由各种各样的错误导致的，但这并不是说，错误就一定会引发失败。换个角度看，错误并不可怕，失败并不可怕，因为错误、失败能提供成功所必需的经验与教训。而且，这些经验与教训是学不来的，是不可替代的。从这个意义上说，如果一个人想要绕开错误，也就是在拒绝成功。

马云说：“想要获得成功，多听失败者的建议，少听成功者的建议。”对他来说，每次犯错都是一次成长，每个错误都会带来心灵上的改变。可见，错误对于人的成长有多么重要的作用。如果一个人能主动地从错误中总结教训，并通过自己的独立思考纠正错误，那么便会获得长足的进步。

生活中，许多人不善于反省自己，不懂运用成长型思维，即使走在错误的大道上，也异常自信，坚定地认为自己是对的，即使给别人制造了一些麻烦，也认识不到自身的问题，甚至会把责任归咎于他人，直至铸成大错，才会痛定思痛，但为时已晚。所以说，一个人如果永远只会活在自己的世界中，那会是很可怕的一件事。

现实生活中，我们总会遇到这样的人。比如，一个人会说：“我这个人做事很公平。”其实，他所谓的“公平”只是对自己公平，对于其他的人都是不公平的。但是，他根本不相信自己是不公平的，这就是所谓的活在自己的世界中。当然，不同的人会用不同的方式活在自己的世界里，对于反思而言，如果不离开自己的世界，就只能活在错误的世界里。

在一辆公交车上，一位年轻的女士给刚上车的一位老年人让座。但她刚离开座位，就冲过来一个小伙子，一屁股就把位置给占了，而且由于冲得太猛，还踩了这位女士一脚。小伙子没有表示任何歉意，心安理得地坐下了。年轻的女士一句话也没有说。当她下车后，同她一起下车的一个人问："那个浑蛋不仅抢了你的座位，还踩了你一脚，你怎么不说他呀？"女士说："你们知道人生最大的悲哀是什么吗？就是你犯了错，而别人不告诉你错了，让你错误一辈子，这是对你最好的惩罚。那小子一看就缺少教养，指不定哪天就会因此吃大亏！"

虽说年轻女士的话带有气愤的成分，但颇有几分道理。每个人都可能做错事，但是，要尽早发现、认识自己的错误，它好比身上的虱子，如果你不及早发现并除掉它，它早晚都会咬你的。

有这么一个历史故事：

清朝末年，有一位著名的理学家叫徐桐，官至翰林大学士，这个人十分排外。有一次，徐桐对有人把美国翻译成"美利坚"十分恼火，说中国什么都是美的，美国还有什么可"美"？中国什么都是顺利的，美国还有什么可“利”？大清军队坚不可摧，美国还有什么可“坚”的？更令人感叹的是，这个大学士竟自欺欺人，拒不承认世界上有许多国家，坚持认为那些“乱七八糟的国名”是英国人胡编出来吓唬人的。徐桐大言不惭地说：“西班有牙，葡萄有牙，牙而成国，史所未闻，籍所未载，荒诞不经，无过于此。”

不能否认，近代中国有许多孜孜不倦探索救国救民之路的仁人志士。但是，一个有着许多像徐桐这样沉浸在天朝上国的迷梦中，且极端排外的知识分子的社会，又怎么能摆脱愚昧、迂腐落后的厄运呢？做人也一样，一定要学会理性地反思自己的错误。

华盛顿是美国第一任总统。在他还是个孩子的时候，曾砍掉了父亲的两棵樱桃树。父亲回来后，非常生气，暗自思量：“如果我查出来是谁砍了我的树，我要狠狠地揍他一顿。”于是，他到处询问。当他问儿子时，华盛顿开始哭了起来。“我砍了你的树！”接着，他把事情的经过告诉了父亲。父亲抱起他说：“我聪明的孩子，我宁愿失去一百棵树，也不愿听你说谎。”华盛顿开始认真反思自己的错误，并从错误中认识到“诚信”的重要性。

在这个故事中，华盛顿认识到“砍树”这件事是错误的，这是一种固有思维。但是，在父亲的帮助下，他意识到主动认错是一种诚信，是一种品质，这是一种反思，这就是成长型思维。

在现实生活中，大多数人的反思仍然是依据惯性思维，幻想所谓的错误原因，没有真正用心审视错误，没有再重新尝试，只是了解错误，而不是用行动去证明，去发现错误的价值。所以犯错之后，不但要养成反思的习惯，也要注重反思的质量。

工作不是负担，把它当成有趣的事儿

找工作的人，最怕简历被拒之门外，很多人不明白：为什么自己明明有能力、有学历、有经验，却还是被招聘的公司淘汰了？排除掉运气因素，最应该检讨的恐怕是他们对工作的心态。负责招聘的人事经理们相信：一个不热爱工作的人，就做不好他的本职工作。

以前我还在某上市公司工作的时候，有一次和HR聊天，问他们是怎么能在短短几分钟内，确定一个应聘者是否符合要求的。他告诉我，在招聘时，他都会先问一个问题。我问道："什么问题？"他微微一笑，说："你为什么离开上一家公司，选择到本公司来应聘？如果应聘者回答'我以前的工作单位比较小，虽然我很努力，但是部门经理好像不太信任我。我觉得，贵公司能够给我施展才能的机会'，那我一般就不会用，会在他的简历上画一个小叉。"

我问道："为什么这样的回答会是禁忌？"

他说道："每次在面试的时候，我都会询问应聘者为何离开上一家公司。之所以问这样一个问题，是想从正面了解他对以前所在公司的评价。如果他说以前的那家公司有多么的不好，或是那份工作如何不好，那么无论他的个人能力怎么强，我都不会录用他。因为我相信，那些整天抱怨工作不好的人，终将一事无成。"

我们经常听到别人说不喜欢自己的工作：工作枯燥、工作环境不好、工资少、上司不好相处……他们举出各式各样的例子来证明自己的工作有多么糟糕。如果我们将视野范围扩大，看看都是谁在厌烦工作，我们不难发现，不喜欢工作的人，往往就是那些做不好工作的人。如果工作本身能说话的话，相信它也会跳起来说："我的负责人能力平平，眼高手低，他每天都唠唠叨叨，不细心也不努力，明明成绩不够，却说是我不好！"

当一个人不能改变环境的时候，只能去适应环境。工作也是如此，与其认为工作面目可憎，不如去深入接触，发现它有趣可爱的一面。至少，要先摆正自己的心态，明白工作就是工作，工作需要的是负责任地完成，而不是不断地埋怨。

一个小男孩跟着师傅学习雕刻，他认为整天雕刻石头是件枯燥无味的事，想要放弃。师傅对他说："想放弃，是因为你不知道雕刻的乐趣。"

“雕刻的乐趣？”小男孩睁大眼睛，看着师傅拿起一块石头，一刀一刀地琢磨。师傅说：“雕刻的乐趣，不是一刀一刀刻掉石头，而是找出石头中藏着的东西。”说着，他手中的雕像渐渐成型：头发、脸庞、眉毛、眼睛……最后，一个栩栩如生戴着棒球帽的小男孩头像出现了。

小男孩大吃一惊：“这不就是我吗？”

师傅点点头，指着满屋子的石头说：“雕刻的乐趣就藏在这些石头中，你认为它们枯燥，它们就只是一些石头，你认为它们有趣，它们自然会给你无穷的乐趣。”

小男孩听完，再次拿起了雕刻刀。后来，他成了一个有名的石雕艺术家。

拿着雕刻刀，一天天坐在小房间里削一块石头，确实是件枯燥乏味的事，也难怪小男孩坐不住。雕刻师傅却能全神贯注地拿着刀子，直到把手中的石头变成艺术品。在这个过程中，他不会抱怨，不会不耐烦，他满脑子想到的，都是给一块石头赋予形状时得到的快乐。把雕塑当成负担，雕塑就只是单纯地用刀子刻石头，只有了解雕塑的乐趣，全身心投入其中之后，雕塑才是一种艺术创作，才会回报雕塑家美丽的享受和心灵上的满足。

长年累月地做一件事，难免会厌倦：售票员日复一日地报着十几个烂熟的站名；程序员月复一月地编写着基础程式；教师年复一年地对学生讲授相同的内容……当工作变成一种惯性、一种机械运动时，烦躁的情绪就会滋生，我们甚至开始质疑工作的价值：为什么要一直做同样的事？为什么不能去做点有趣的事？这样想着，售票员开始懒洋洋地撕票，程序员开始昏沉沉地敲键盘，老师开始照本宣科地读讲义……工作变得越来越没劲。

在那些把工作当乐趣的人眼中，事情又是另一个局面：售票员每天都在琢磨怎样让乘客更舒服，今天给公交车添加一些坐垫，明天给公交车备好一个药箱，后天又开始自学英语，心血来潮用中英双语报站；程序员总想开发出一套更加便捷的口令，每一天都在完善、推广自己开发的程序，越来越多的人愿意使用它；老师会在每一课都将最新的学科发现添加到讲义中，开阔学生的视野，讲的课程也越来越受欢迎。

把工作当成负担的人，工作也会把他当作负担；愿意对工作付出的人，工作自然会给他丰厚的回报。

我们需要工作，并非工作需要我们

有一位远方的朋友打来电话，倾诉工作中遇到的难题：这份工作简直没法干了，老板的吝啬和抠门简直让人无法忍受，工资少得可怜，还要没日没夜地加班，而且加班也没有额外的补偿，简直是起得比鸡早，干得比牛多，吃得比猪差！我的血快被榨干了！真想拍拍屁股走人了！

朋友的愤怒和不满一下子从电话那头奔涌而来，竟让我一时不知如何劝慰。我知道他是一个满腹牢骚的人，作为一名诤友，在电话快被挂断时，我直言相告：你先冷静一下，不管你换不换工作，最好先将自己身上的毛病改掉。如果你不能改掉抱怨的毛病，努力提升自己，无论你在什么公司，都不会有好的发展！是啊，几乎每个人都向往薪水高、管理人性化、工作轻松的工作，但我们扪心自问，去这样一家一流的公司上班，我们能否胜任那里的工作呢？各方面条件俱佳的公司需要一个经常抱怨的员工吗？

工作中遇到批评和指责并不要紧，只要这些指责的确指出了我们在工作中存在的问题和失误，这样的批评我们就应该接受。我们应该感谢那些在工作中折磨过我们的人，是他们告诉我们，我们需要工作，而非工作需要我们。试想，假如没有工作，我们的生活又将何去何从呢？事实证明，只有工作才能让生活富有生气，才能体现我们活着的价值。

无德禅师在收学僧之前，叮嘱他们抛却一切私心杂念，将原有的一切都丢在山门之外。禅堂里，他要学僧“色身交予常住，性命付给龙天”。但学僧们并不领命，依旧我行我素，有的贪图享受，攀缘俗事；有的好吃懒做，讨厌诵经干活。无德禅师见诸位学僧心性不定，便讲了下面这个故事：

有个人生前特别讨厌干活，死后，他的灵魂飘至一处大门前。进门后，那看门的对他说："你真是来对地方了，这里有的是精美的食物、舒适的卧室和各项娱乐设施。你大可以任意吃喝玩乐，保证没有人打扰你、管制你。"

这个人心满意足，很高兴地留了下来。吃完就睡，睡够就玩，边玩边吃，生活惬意极了。三个月后，他觉得这种日子过够了，于是问看门人："这种日子我已经厌倦了。玩得太多，我已提不起什么兴趣；吃得太饱，使我不断发胖；睡得太久，头脑变得迟钝。您能给我一份工作吗？"

那看门的答道："对不起！这里什么都有，就是没有工作。"

此人无奈，又玩足了三个月，最后实在忍不住了，又向看门人抱怨道："这种日子我实在没法忍受了，如果没有工作，我宁愿下地狱！"

看门人带着嘲讽的口吻说道："这里本来就是地狱！你以为天堂会是这样吗？这里让你没有理想，没有激情，没有活力，没有前途，让你失去活下去的信心。这种心灵的煎熬，更甚于上刀山下油锅的皮肉之苦，让你痛不欲生！哈哈哈……"

这个具有讽刺意味的故事告诉我们，原来，生命中最大的折磨不是贫困，不是厄运，而是虚无。一个拥有了一切的人，若从他的身体中抽去斗志，抽去激情，抽去希望和梦想，他的生命就是一场虚无。工作从来都是人生的第一要义，正如奥地利著名心理分析学家威廉·赖克说的那样："爱工作和知识是我们的幸福之源，也是支配我们生活的力量。"

劳动是推动人类社会向前发展的根本力量，幸福不会从天而降，梦想不会自动成真，空虚懒惰的身心只会滋生出无数的杂念和抱怨来。我们不应该仅将工作视为谋生的手段，还要去重视它、热爱它，那样我们就会发现，即使是一份再卑微的工作，都有它的尊严和价值。

日本有一位名叫清水龟之助的邮差，几十年如一日地干着递送信件的工作，但就是这份微不足道的工作却让他获得了"终身成就奖"，这是怎么一回事呢？

原来，清水龟之助最早是一名橡胶厂工人，后来转行做了邮差。最初，邮差的工作并没有让他尝到多少工作的乐趣和甜头，于是在做满了一年以后，他便心生厌倦和退意。

一天，自行车的邮袋里只剩下一封信没有送出，他想，送完这封信，就去递交辞呈。可这天突降大雨，最后一封信被雨水打湿了，信封扉面的地址变得模糊不清，他花了很长时间，都没有将信送到收信人的手中。清水龟之助是一位善始善终者，他发誓，无论如何也要把这封信送到收信人的手中。

他骑车在大街小巷中穿梭，挨家挨户地打听询问，好不容易才在黄昏的时候把信送到了收信人的手中。原来这是一封录取通知书，被录取的年轻人已经翘首期盼了好多天了。当他拿到通知书的那一刻，眼泪夺眶而出，激动地和父母亲拥抱在了一起。

看到这动人的一幕，清水龟之助的心里别提多高兴了，他深深地体会到了邮差这份工作的意义所在。他心想，这份工作虽然简单，却能够给收信人带来莫大的安慰和喜悦。这样的工作怎么能辞掉呢？自此，他终于领悟了这份职业的价值和尊严，并深深地爱上了这份工作，不再觉得乏味和厌倦。他说，只要一想起那种令他感动的神情，即使再恶劣的天气、再危险的状况，也无法阻止他一定要将信件送达的强大决心。就这样，他从30岁一直干到55岁，创下了25年全勤的纪录，得到了人们的普遍尊重。

歌德说："一个真正拥有大才能的人，会在工作过程中感到最高度的快乐。"工作是一件幸福的差事，不是抱怨的对象，我们要学会珍惜工作。认真工作，才能不负青春，不负人生。

现实中，许多人之所以抱怨自己的工作单调乏味、毫无意义，是因为他们没有认识到工作的真正内涵。清水龟之助体会到了邮差这份工作的意义和自己肩负的使命感，所以他坚持去做了，从而获得了成功——人们的尊重和社会的认可。由此可见，我们每个人都需要从平凡的工作中寻找它的不凡意义，每个处在工作中的人都是重要而美丽的。每个人都应该保持自己对工作的这份热爱，充满激情地投入到自己的工作中去，创造属于个人职业的辉煌。

第六章

管理不是独裁，单纯依靠做事只会坏事

忽视员工，就是忽视企业最大的价值

据调查，在企业招聘时，应聘者越来越看重企业能够为他们提供多大的发展空间。相当一部分员工离职的根本原因不是工资低，而是他们认为没有发展空间。

员工作为人力资源，是企业最基本也是最重要的资源，是一个企业是否具有竞争力的关键。那么，如何提升员工的工作技能和服务水平？如何留住优秀的员工呢？答案是开拓员工的发展空间，这是员工和企业双方的需要。

一天晚上，索尼公司董事长盛田昭夫又按惯例走进职工食堂，与员工共进晚餐。这时，他发现一位年轻职员闷闷不乐，似有心事。于是，他便有意识地过去同这位职员碰杯聊天。

不久，这位职员终于打开话匣子吐出苦水。原来进公司前他很崇拜索尼这个企业，并以加入索尼企业当作自己的荣幸。但进入公司一段时间后他才发现，自己不是为索尼干活，而是在为主管科长干活。对他来说，科长就等于索尼。因为这个科长非常小心眼，总是想方设法地限制他与公司高层沟通，生怕他有所作为而影响他的科长的交椅。这样的科长令他对前途丧失信心。

盛田昭夫先生当即便感觉这不是个小问题，于是，他决定就此事进行改革。从此，索尼全面执行人尽其才的计划。其办法是，避开部门主管，定期发布内部招聘公告，允许职员自由而且秘密应聘职务，实行能者上庸者下的用人制度。此外，为使人事关系变得和谐，公司还坚持每两年让员工轮换一次岗位。

这些措施大大提升了新人的干劲儿，让他们有了很大的发展空间。有关专家认为，索尼能有今天的业绩，与公司注意为员工拓展发展空间是分不开的。

对于员工来说，发展空间可以满足他们自我实现的需要。美国著名的社会心理学家马斯洛认为，每个人都有5种层次的需要，由低到高依次是生理上的需要、安全上的需要、社交的需要、尊重的需要、自我实现的需要。

对于员工来说，他们也有自我实现的需要，即最大限度地发挥个人的能力，实现他们的理想、抱负，体现他们的价值。尤其在人力资源竞争异常激烈的今天，更多的员工意识到，个人不发展，能力不提高，可能很快就会失业，甚至被社会淘汰。这就要求企业给员工提供广阔的发展空间。只有有发展空间，员工工作起来才有目标和动力，才能尽自己的最大努力施展自己的才能，不断提高个人的能力，从而实现自己的人生价值。

对于企业来说，给员工提供广阔的发展空间，一方面可以调动员工工作的积极性和热情，可以促使员工不断地学习，提升他们的工作技能和水平，提高工作效率和服务水平，进而促使员工为企业创造更多的财富。另一方面可以培养企业所需的优秀人才，留住优秀的人才。如果看不到发展的前景和进步的希望，员工就会因得不到有效的激励而没有工作的激情，甚至会懈怠，进而思变，另觅高枝。长此以往，人员流失将是一个令企业头疼的难题。试想，让一个持有硕士、博士学位证书的人一直在银行做基础的出纳工作，而不给予其培训和提拔的机会，他会做多久呢？他能坦然面对自己的工作而不思自己的发展前途吗？显然不会的！正所谓良禽择木而栖，优秀的人才只有在企业中有发展前景，他们才会有工作热情，才愿意留下来，否则，他们会另觅高枝。这样的事情已经屡见不鲜了。

1. 设置晋升通道。

即建设公正、公平、公开的晋升体系，让有能力的员工最大限度地发挥个人价值。比如对于行政人员，可以建立培训、试用期、初级专员、中级专员、高级专员、主管、经理、部长、部门总经理、分管总裁助理、分管副总裁、分管总裁、总裁一系列晋升通道；对于销售人员，可以建立培训、试用期、初级销售代表、中级销售代表、高级销售代表、销售主管、营销中心副总经理、营销中心总经理、营销副总裁、营销总裁一系列晋升通道。晋升是职业发展中对员工最有效的激励方式。

2. 采用工作轮换等方式设置网状发展空间。

晋升是职业发展中对员工最有效的激励方式，但是职业发展还包括工作轮换、赋予更多责任等其他多种职业发展方式。工作轮换是指在公司的几种不同职能领域中或在某个单一的职能领域为雇员做出一系列的工作任务安排。工作轮换可以根据员工的兴趣满足员工自由发展的愿望；可以使员工学习新的岗位知识，有效增加员工的接触面，增强员工的综合素质，从而起到激励员工的作用。工作轮换还可以让员工了解不同部门的工作情况，增进部门之间的相互理解，加强部门间的合作。

批评员工没有错，但没有建议性的批评就是大错

管理者在员工犯错误时，只看到错误本身，并没有深究错误产生的根本原因，没有给员工提供建议，让他们避免类似错误的发生。这往往会使员工重复犯错，降低企业效能。

管理者站在一个很高的角度上，他看到的问题应该比自己的下属全面而且彻底。当员工出现错误时，管理者就应该明确地告诉他，他的做法错了、为什么错了、怎么做才是最好的，应该给他一个详细而合理的分析。这样，员工既明了问题的实质性，也会对管

理者信服，否则，即使管理者的指责是正确的，员工因为认识的局限性也会对管理者心生怨言，还会给管理者戴上一顶“粗暴的管理者”的帽子。

有一家公司的经理发现他的一名员工经常迟到，刚开始时还只是偶尔，后来逐渐成为一种常态，于是经理想了一个办法。一天下班之前，经理约这个员工第二天上午上班时到自己的办公室商量事务。这个员工一听经理有重要的事情找自己，第二天破天荒地没有迟到，早早地就来到了经理的办公室里等。结果过了一个多小时，经理才姗姗来迟。一看见坐在沙发上的员工，经理就惊讶地说：“你来很久了吗？”员工急忙站起来说：“也没有太久。”经理笑着对他说：“不好意思，我看你平常都是这个时间才到公司，所以现在才来。没想到你今天到这么早。”说完之后就若无其事地开始与他商讨工作事宜。有趣的是，从此以后，这名员工再也没有迟到过。

这位经理可以说是相当有智慧的管理者。他并没有正面批评员工迟到的行为，也没有就这件事情大做文章，而是通过隐晦的方式告诉这名员：自己并非不知道他迟到的行为，也不是对此没有任何的看法，只是出于同事的立场给他一个台阶下而已。这种温和的方式，既容易让员工接受，又达到了经理想要的效果，显然比那些简单粗暴的批评方式更加有效。

诚然，实际工作中，对于员工的错误，管理者既不能视若无睹，装作没有看到，也不能就此事大放厥词，引起员工反感，可以从以下四个方面做起。

1. 重视员工的错误。

不要对自己说员工犯错只是偶然事件，以后不会再发生。越早处理，问题解决起来也就越容易。管理者对员工所犯的错误不能消极处理，更不能无视。

2. 指出员工犯错的原因。

管理者自己明白员工犯错误的原因还不够，还要让犯错的员工明白他做错了什么及这种错误的后果是什么，下一步应该怎么做才能不重复这种错误。

3. 同员工一起分析错误。

如果已经知道员工犯错的原因，管理者就不仅能把自己的判断和发生的情况联系起来，还能将其与员工所采取的方法联系起来。此时，管理者要同员工就错误的产生进行分析，找出背后的真实原因，并就此做出制度上的改变，以防类似错误再次发生。

4. 让员工进行自我反思。

自我反思是从错误中吸取教训的必要过程，管理者要给予员工空间和时间进行自我反思，总结出经验教训，避免重复同样的错误。

不懂倾听，好的建议只会被一再错过

俗话说：智者千虑，必有一失，愚者千虑，必有一得。再精明的老板，也免不了会失误。特别是在竞争日益激烈的现代化商业中。中国经济已经走向国际化，如何在自己的行业里占有一席之地，并独占鳌头，成为许多管理者的发展目标。然而仅靠管理者一个人的力量是不能撑起事业大厦的，管理者还须采取古人的做法——善于倾听下属提出的建议和意见。只有这样，才能让企业更具有活力，更有发展前景。

在一次会议中，有一位工人说他在这个工厂里工作20多年了，他的工作一直很尽职，表现也很好，他很热爱这个工厂，也受到工厂的肯定，但是他看到工厂中有一件蠢事，不得不提。

此时，总经理正在思考一项重要的提案，并没有太在意这位工人在说什么。原来，这位工人的工作是操作工厂中一部高价值的机器，必须要戴手套才行，但在操作中手套很容易就损坏了，须经常更换。而依工厂的规定，要申请一副手套，他必须请别人代班照顾机器，若没人可代班就必须停机，然后走到另一幢大楼，去仓库填写表格，找主管核定后，再送回仓库才可以领到一副新手套。依他的经验，这个过程平均每次要花一个小时。

这位工人问："不知为何工厂要这么规定？"

总经理忽然明白过来，淡淡地说："以前也有员工提过这个问题，我想这样做自然有它的道理，等调查以后会给你一个答复。"

原来，这个工厂曾经在1979年遗失过一箱手套，从此以后每申请一副手套都要花费近一个小时。然而，手套是消耗品，经常会坏，因此，很多时间被浪费掉了。

在现在企业管理中，这样的规定显然是多余的。而企业的总经理不善于倾听员工的意见，自然也不会做出改进措施。

上面事例中，如果那位总经理善于从倾听中发现问题，就可以在员工第一次提出这个问题时就把这个长久以来严重影响生产效率的问题解决了。从这个案例中，我们可以看出善于倾听的重要性。管理者可以从以下两个方面改善自己在倾听方面的不足。

1. 管理者首先应该是一位好听众。

有位经验丰富、善于沟通的管理者建议："沟通之道，贵在先学少说话。"多听少说，做一位好听众，处处表现出聆听、愿意接纳对方的建议和想法的态度。这时候，对方也会表现出愿意接纳你，并且会回应你所需要的答案和讯息。

2. 不要把倾听当成简单的汇报。

倾听不是单纯地听下属汇报工作，而是管理者与下属深层次的谈心，因为管理者倾听是否有效果，关系着管理者与下属的利益关系是否牢靠，同时也意味着需要管理者与周围的人经常接触。而失去倾听能力也就意味着失去与他人共同工作、生活、休闲的可能。在日常工作中，管理者的倾听能力更为重要。一位擅长倾听的管理者可以通过倾听从同事、下属、顾客那里及时获取信息并对其进行思考和评估，并以此作为正确决策的重要参考。

员工只是属下，并非是你的奴才

管理者在下命令的时候，最忌讳的便是使用颐指气使的态度，这会让员工产生强烈的反感情绪。

一位新上任的主管，尤其是一位升职快速的主管，难免会有些自命不凡。这样的管理者常以其头衔自豪，妄发言论或任意否决，平日好管闲事，走起路来神气十足，俨然一副不可一世之貌。他们喜欢数落他人，借以抬高自己的身价。这导致员工尽管表面不敢吭声，但心中着实怨言满腹。

琳琳是一家少儿培训机构的教育顾问，她业绩突出，升迁很快，不到一年就成了招聘主管，有时还代替校长讲课。

但她在工作中总是颐指气使，经常对手下的员工说：“你们这些年轻人，做的事情太少了，总想着偷懒，别觉得我在欺负你们，给你们这些困难的任务是为了锻炼你们。”

除此之外，她还处处指责手下员工不如她聪明，对他们呼来喝去，老是抱怨：“最近真是，人才越来越少，越来越差劲。”

对员工，她总是以强硬的命令来驱使他们，比如，她常说的一句话就是：“这是业务规定，是命令，你照做就行了，不然就别在这里干了！”

得知她要被调到别的部门去的时候，员工毫无不舍之情，私底下纷纷讨论：“什么？她被调走了？真是太好了，再也不用被当成‘奴才’使唤了！”“真的？忍了那么久，以后再也不用受她的气了。”

员工不是木偶，不是机器，他们有自己的情感意志，有自己的做事方式，没有人喜欢被别人颐指气使，甘心居于人下。管理者若是自认高人一筹，习惯发号施令，随意指使员工，很容易招来员工的反感。因此管理者在工作中要注意工作方式方法。

1. 信任员工，尊重员工。

管理者作为员工的管理人员，要充分相信和尊重员工。要相信员工的能力，也要相信员工的能力正在不断提高，永远不要说轻视员工、伤害员工自尊的话。

2. 在业务上指导和帮助员工。

当管理者看到员工努力工作时，要及时进行鼓励，尽量从各个方面给予帮助。当员工的技术能力达不到要求时，管理者要耐心地帮助员工提高，给予他们技术指导。

3. 多使用婉转的词汇。

管理者在向员工下达工作指令时，最好避免生硬的口吻，尽量使用婉转的词汇，如："我知道你现在很忙，很不好意思！不过……""我想你可能是头一次做这样的工作，不过……"，或者"请在明天以前写好这份报告书"等。

4. 多采用征询的方式。

在作出决策或与员工商讨工作上的事情时，管理者不要急于作决断。即使心里已经有了明确的把握，也不要先说出来，而是以征询的语气询问员工："你的意见怎样？我是这么想的，你呢？"鼓励员工说出自己的想法，然后一起探讨，这样员工才会信任你。

没有及时反馈，员工怎知对错

其实很多领导者都知道反馈的重要性，可在实际工作中却很少有人能有效地执行。究其原因，是有些人觉得工作反馈是一种让人不舒服的举措，毕竟没有人希望自己一直被纠错，或者是管理者因为工作过于繁忙而忽略了，但更多的时候，是管理者不知道该用什么样的方式给予员工反馈信息。

反馈过程中，员工很容易产生自我防卫的反抗情绪，甚至会与管理者发生争执。如果出现这种情况，不仅不能达到预期的目标，反而影响上下级之间的关系，那么，工作反馈也就失去了应有的作用。

事实上，反馈是向员工传达别人对其评价的一种机制、一种方法。向员工提供反馈，就能使他们考虑反思和改进自己的某些行为，明白自己工作中的不足并及时改正，从而使企业和员工双方都可以从反馈的信息中受益。

王亮是一家外贸公司的新员工，刚进入公司，李经理就让他负责客户调查。王亮工作了一个多星期，任务总算完成了。但当他把调查资料呈给李经理后，李经理却变了脸色：“王亮，你这客户调查怎么做的啊？这儿有好几处不合格的地方，还有那儿，你没有看过相关的工作说明吗？”

王亮感到十分委屈：“可是李经理，我刚做第一天的时候就拿着我做的调查问您来着，您那时候也没跟我说啊，只是让我先做着。”

“算了，现在赶紧拿去修改修改，该补的补进去，不然就赶不上进度了。”

王亮无奈，只能回去加班。

上述案例中，管理者李经理没有意识到及时对员工，尤其是新员工的工作给予反馈的重要性，从而导致新员工王亮辛辛苦苦做出来的客户调查资料不合格，最后只能加班重做。实际工作中，管理者一定要注意反馈机制的运用，可从以下几方面做起。

1. 建立正式的反馈机制。

正式反馈包括面谈式反馈、集体讨论式反馈和网络电子信函式反馈。其中，大多数管理者都会采取面谈式反馈的方式。如果管理者采用正式反馈的方式，要注意以下几点。

（1）通过赞扬肯定员工的工作。

反馈就是要帮助员工找出工作中的问题，并向他指出需要改进的地方。当然，这并不是说管理者就要把全部的焦点放在员工所出现的问题上。事实上，工作反馈是为员工提供准确的反馈信息，因此，好与不好的方面都要指出来。对于员工好的方面，管理者应当加以赞扬；对于不好的地方，管理者也要指出并鼓励员工改进。

（2）减少批评，注意语言表达。

例如，如果一位员工的绩效低于规定的标准，那就有必要对其进行某种批评，然而，一位成熟的管理者能够注意自己的批评方式，不让员工产生防卫或反抗的心理。另外，管理者还要注意自己说话的预期和表达的方式，避免给员工造成不必要的心理负担。

2. 注意非正式的反馈方式。

对于比较特殊的员工，管理者会发现通过正式的反馈方式很难达到既定的目标。这就要求管理者采用一些比较随意的反馈方式，例如，管理者可以请员工在休息的时间吃顿饭，在饭桌上与员工随便谈一谈，也可以在其他方便的场合与员工闲聊。

你温暖了人心，员工才会回报以忠诚

相信很多管理者都有过这样的经历：当你偶然对员工报以一个微笑、给他们一句称赞、一个贴心的问题，员工会立刻显得斗志昂然、激情四射，并全身心地投入工作当中。这是为什么呢？管理者对于员工的任何一个奖赏，不论大小都能够让员工感受到肯定性的激励。因为在那一个看似不起眼的微笑、体恤与赞扬中，受表扬的人感觉到了自己工作的价值，以及自己在企业当中的重要性，他们觉得自己的付出不是简单地用劳动价值去交易薪水那么简单，就像在为自己工作一样。

企业的管理者不能仅仅将自己定位在一个管理角色的层面上，而应该是一个团队的核心，是一名让所有人都信服的领导者。而要做到这些，就千万不能“吝啬”对员工的关怀与奖赏。因为在一个企业当中，任何一个管理者都不能只将眼光放在员工的工作上，而应该将眼光盯在员工和企业的长远发展上。管理者的关怀与奖赏会让员工获得一种认同感，而这种认同感能够激发员工的工作热情，使得他们能够将工作做扎实，从而有效减少工作中的各种失误。

在当代职场上，很多管理者奉行的是赤裸裸的金钱雇佣关系。企业花钱雇用了员工，员工就得按照企业的要求来工作，企业按照与员工签订的合同或者双方约定来处理与员工的关系。也就是说，企业与员工之间的关系非常简单和纯粹，就是金钱雇佣关系，员工为企业工作，企业对此支付薪水，而企业则获取员工的所有工作成果并将之转化为自己的收益。这简直与市场上陌生人之间进行的买卖没多大区别。在这种企业文化下，员工与员工之间常常形同陌路，员工与管理者之间也没有过多的私人联系，大家都清楚彼此之间只不过是一种简单的利用关系。这种缺乏人情味的工作环境使得员工对企业也没有任何的归属感和依恋感，员工会觉得在一个企业工作只不过是为了谋生，为了寻求可能的发展机遇，一旦企业不能满足自己的这个要求，员工就会毫不犹豫地与企业告别。

其实，员工的工作不仅是为了薪水，在得到物质财富之后，员工更需要满足的是精神需求。如果一个企业缺乏良好的人际氛围，员工在其中工作就会感到不舒服，员工的精神需求就得不到满足。在这种情况下，员工对企业也就失去了忠诚感和归属感，跳槽成了他的重要选择。

企业需要对员工进行情感投资，需要改善管理方式，建立人性化的管理模式。具体说来，管理者应当重视员工的精神需求，给予员工更多的关怀和帮助。应当鼓励员工之间的交往，帮助他们建立起信任和互助的人际关系，这是强化企业凝聚力的一种重要方式，也是提高员工素质、建立学习型组织的重要步骤。没有员工之间的信任和配合，组织就不可能高效、顺畅地运转。管理者除了在规章制度上为员工之间及员工与管理者之间创造宽松的交流环境外，还应主动采取一些措施来增进员工之间、员工与管理者之间的关系，如可以举办各种户外活动，可以组织一些趣味比赛，也可以邀请员工到家里做客，等等。

企业只有加大对员工的情感投资，才能留住员工的心，进而留住员工的人。

英国有家名叫先锋公司的软件企业，该公司在里贝特的领导下，用了不到3年的时间将利润从八百万英镑提高到了三千多万英镑，同时员工跳槽率也从初期的30%降到了4%。现在，先锋公司员工超过了1800人，为世界各国的银行系统提供外包服务和软件。而其成功的原因，就在于里贝特的新管理战略。如果有新员工进入公司，会在第一天收到鲜花和贺卡，欢迎他加入公司，成为公司的一员。公司举办的年度表彰大会和庆祝大会，员工都可以携家属一同参加。只要家里有急事，家属都可以自由进出公司的办公室。而且，公司还为经常出差的员工提供礼物，当其出差次数积累到一定程度，公司经理会亲自出面向其颁发礼物并表示感谢，感谢他为公司作出的贡献和牺牲。如果公司员工需要出席孩子所在学校举办的家长活动，员工可以在下午提前下班。这一系列的举动赢得了员工的忠诚，员工的效率和创新精神明显比竞争对手要好，这使得先锋公司的业绩一直保持快速的增长。

先锋公司的例子说明，对员工进行情感投资，实施人性化的管理，可以增强企业的战斗力。在一个有着由情感维系的良好人际关系的集体中，成员彼此更愿意相互帮助、共同努力。这一方面可以最大程度地减少企业内部的矛盾和摩擦；另一方面也有利于企业内部员工的相互学习、共同成长，有利于问题的解决和管理水平的提高，这正是企业战斗力的源泉。

那如何才能更好地进行情感投资，更好地实施人性化的管理呢？

1. 关注员工的福利。

企业为员工提供良好的福利，可以让员工感受到企业对员工的负责和关心，让员工摆脱后顾之忧。在一个生存得到更好保障的企业，员工自然能减少忧虑，卸下来自生活的负担，更轻松、更有激情地投入到每天的工作中，这正是企业乐意看到的。同时，良好的福利还能帮助企业培养与员工的感情，使双方不再是简单的雇佣关系，而是组成了一个利益共同体，共同努力，把事业放在中心。

2. 关注员工的健康。

员工的健康不仅是员工的财富，也是企业的财富。身心健康的员工才能焕发出最大的激情。同时，身心健康才能让员工长期为企业发展做出贡献，企业也才能留住这些优秀的员工；而那些忽视员工健康的企业行为都是短视而且有害的，只能将优秀员工赶出企业。

3. 建立充满关怀的企业文化。

员工是企业的成员，但同时也是一个自由人，有自己的生活。

员工自己的生活状况无疑会影响到自己的工作。因而，企业管理者如果希望员工能更好地投入到工作中，就应当积极关心员工生活，必要时帮助员工解决一些生活上的问题，并在管理上为员工提供便利。只有这样，员工才能更好地处理好生活上的事情，也才能以最好的状态从事工作。企业管理者如果仅从自身利益出发，不考虑员工的个人情况，对员工生活不管不问，实施刚性的企业管理制度，就无法帮助员工处理好生活和工作的关系，只能加剧员工自身所遇到的问题。试想，一个心事重重的员工，有心思做好自己的工作吗?

耐心地沟通，让员工看到管理者的真诚

管理者对员工进行管理，彼此之间不可避免地就得进行沟通。通常而言，管理者与员工沟通往往会产生截然相反的情况：要么是管理效果非常好，要么是管理效果非常糟糕。事实上，沟通在管理中是一件非常考验管理者耐心的交流技术。虽然管理者与员工进行沟通需要具备一定的耐心，但也不要以为沟通就是一件多么难的事情。在管理学之父德鲁克看来，管理者只要掌握了与员工沟通的要领，与员工交流起来不仅会得心应手，还会让自己的管理效果足够明显。德鲁克曾经表示：“在管理中，耐心的态度才是管理者和员

工沟通最重要的因素，所以管理者和员工之间进行的任何沟通都不能离开耐心，而管理者想要打开员工的内心世界，就需要用耐心对其实施管理。”

德鲁克在雪佛兰汽车公司担任名誉管理顾问期间，成功地将自身总结的管理决策运用在了管理中。雪佛兰汽车公司技术部有一名老员工，他在日常工作中很少和别人合作，总是表现得我行我素。在德鲁克看来，即使这样的人技术再好、能力再强，也是不容易对其实施管理的，而从长远来看，这样的员工也会对企业发展带来不利影响。

后来经过打听，德鲁克弄清楚了这名员工的住址，并准备登门拜访他。对此，很多人都劝德鲁克最好不要去（在这些人看来，这名员工不会见德鲁克），但德鲁克还是决定在工作之余去拜访他。他家里有一个3岁的女儿，那天过去拜访他的时候，德鲁克看到员工的女儿坐在地板上画画。于是，德鲁克对这名员工说：“小家伙真可爱，我能教她画画吗？”起初，这名员工不愿意，甚至对德鲁克产生了排斥心理，但德鲁克的好态度最终还是使他答应了。于是，德鲁克就蹲在地板上教这名员工的女儿画画。画完后，这名员工说了一句：“请你把画成老虎模样的画放在窗台上吧。”

德鲁克听完这句话后感觉非常奇怪，他认为将老虎模样的画放在窗台上特别不好看。但这名员工说：“这样做的目的是为了驱邪，还可以带来好运。我的很多朋友都说这间屋子里有邪气，需要用猛兽来避邪。”此时的德鲁克更加感觉奇怪，他心想：这个技术过硬的老员工竟然很迷信。为了让老员工袒露心声，德鲁克和他攀谈了起来。在沟通过程中德鲁克得知，这名员工的妻子在一年前病逝了，他面对这一家庭突变感到不知所措。在这种情况下，他含辛茹苦地带着年幼的孩子，还得承受工作方面遇到的巨大压力，所以情绪波动比较大，脾气也非常急躁。

在接下来的沟通中，德鲁克继续用平和的语气询问这名员工为何在工作中我行我素。这名员工将他和其他员工意见不统一、其他人对他存有偏见等情况告诉了德鲁克。而德鲁克对其话语进行了分析和甄别，认为导致这名员工不愿意和其他人合作的根本原因是双方之间存在一定的意见分歧。意识到这一点后，德鲁克知道了管理中要改进的地方。于是在此后的管理中，他通过对员工的定期培训，以及让员工之间进行充分沟通和互动的方式，让这名老员工化解了工作中与其他员工的分歧。而这也为德鲁克的管理工作产生了良性作用。

通过上面的事例我们可以看出，管理者无论与任何员工沟通，只要保持耐心，就能很容易地打开员工的心扉。相反，那些缺少耐心并表现得操之过急的管理者是很难和员工交流成功的。在德鲁克看来，管理中的耐心沟通最起码的要求就是要学会认真倾听员工的谈话内容，因为在一定情况下，员工很愿意向一个知心人倾诉自己内心不为人知的事情，而这时候如果管理者可以做到耐心倾听，双方之间进行的沟通那就等于成功了一半，这样无形中就为此后进行的管理奠定了良好的开端。假如德鲁克没有用耐心的方式去和员工交流，而是急切地想尽快达到管理的目的，在沟通过程中表现得过于急躁，那么，他不仅不能成为这名员工值得信任的人，也不会达到自己管理的目的。

可以说，管理中总是会遇到不同类型的人或事，而管理者耐心地和员工沟通就是彼此间有效沟通、建立良好关系的润滑剂。其实，耐心地沟通还可以有效化解彼此之间产生的陌生感，快速拉近员工与管理者之间的心理距离，并有效地促进彼此之间的友谊。

在很多时候，虽然和别人交流是打开对方心理大门的一把钥匙，但一个人的心理大门却并不是可以轻松打开的，这时耐心就在沟通中被凸显了出来。而当管理者有了耐心后，才能在与员工沟通时静下心来去倾听员工的谈话，才可以更真切地听出员工话语里、内心世界里深藏的含义，才能更加有效地对其进行管理。

因此，管理者要想让管理水平发挥到极致水平，就需要运用一定的策略，而有效沟通就是一种连接管理者和员工之间关系的纽带。这条纽带不仅可以让管理者轻松地对员工进行管理，还可以为企业的全局发展提供帮助。

第七章

销售不是跟风，不要谁家生意好就照猫画虎

商品越是稀缺，顾客越会趋之若鹜

人们往往更容易被少见的、紧俏的东西吸引。一件本来对自己没有太大吸引力的东西，等到有一天你发现它变得越来越稀少的时候，就会觉得它很珍贵。这就是因为短缺。当人们可以获得这种东西的机会越来越少时，这种东西的价值就被体现了出来，变得越来越贵重。这种“机会越少，价值越高”的短缺原理，通常会影响人们的购买行为。

周末，张丽去商场买东西，路过苹果专营店时，顺便看了看刚上市的新款手机。销售人员演示了手机的各种优点，张丽很感兴趣，但是毕竟价格高昂，她有些犹豫。就在这时，销售主管走过来说：“此款手机特别火，店里就剩这一台了，如果错过，至少得等一个星期以后再来买了。”张丽听了这样的话之后，迅速做了决定，先刷信用卡买了再说。

上面的例子反映了短缺因素对产品价值的影响作用，很多销售人员都非常善于利用这一原理来给顾客施加压力，使之顺从。如上面提到的销售主管使用店里“仅此一台”的策略，告诉张丽手机供应紧张，不能保证一直有货的时候，张丽就果断地采取了购买行动。

心理学家曾经做过这样的实验：选取10个人，让他们互相面对面地进行谈话。在谈话的过程中，心理学家适当地讲一些比较有兴趣的话题吸引他们，另外，心理学家还特意安排人在他们谈话的时候给他们打电话，以此来看被试者的反应。实验结果发现，10个被试者都不知道是谁从什么地方打来的电话，但是他们都会中断谈话，而去接电话。就算打来的电话一点也不重要，并且所交谈的内容甚至没有与心理学家交谈的内容精彩，他们还是会去接电话。就算他们不接电话，也无法像之前那样专心地同心理学家交谈了。他们变得越来越坐立不安，心里惦记着那个未接的电话。

相比较来说，打来的电话要比心理学家的谈话更有吸引力。因为每个被试者都会想，假如自己不接电话，那么，就不会知道是谁打的电话，这样就会错过电话中的信息。一旦错过了这样的信息，就没有补救的机会了。所以，只要电话一响，被试者就会马上中断谈话，选择去接电话。

这个实验告诉我们，失去某种东西的想法会让大家感到非常不安，人们不想错过任何获得某一东西的机会。而且，人们害怕失去某种东西，一旦某种东西短缺，不再那么容易获得时，人们就更加想要得到这种东西。比如，如果我们想让对方接受我们的某种建议或者要求，就要告诉他不接受会带来的损失，这样要比告诉他们接受后能得到什么好处更容易让他们信服。

某医院为了让人们可以定期到医院做身体健康检查，就在医院的宣传册上写道："如果您每个月不花时间到医院做身体检查，那么，您很可能得了某种病而自己却不知道，这对健康的危害是非常大的。"这样写会让人感到健康的重要性，明显要比写成"如果您每个月都花些时间到医院做身体检查，您就会得到健康保障"更能够让人信服。这两种方法的效果明显不同，这就是短缺心理对人们行为的影响。

我们发现，在现实生活中，很多人都热衷于收藏古董。那些古董的价值不菲，就是因为它们的稀缺性——罕见，不容易获得。假如相同的古董到处都有，也就不会有人出那么高的价钱买了。所以说，当一样东西变得越来越稀少的时候，它就变得很有价值。这就是我们平常所说的"物以稀为贵"的现象。有一些本来不是很完美的、一文不值的东西，会由于稀少而变得珍贵，成为重金难求的珍品。比如，印刷模糊的邮票、打磨失败的美玉、多次冲压的硬币、有残缺的瓷器等。由于这些东西的稀少，反而要比那些没有瑕疵的物品更加受到顾客的青睐，也更有价值。

也就是说，短缺因素会导致物品的价值越来越高，会得到更多人的关注。销售员利用这一原理，往往可以给顾客施加压力，让他们顺利地买下商品。在现实生活中，商家常会打出"数量有限"的标语，当销售员告诉顾客某种商品的供应比较紧张，无法保证一直有货的时候，顾客反而会立刻购买。

周先生是位出色的销售员。他在向顾客推销商品的时候，总是能够利用短缺商品的吸引力，让打算远离的顾客作出购买的决定。

周先生在某百货公司干了8年的推销员。他遇到过不同类型的顾客，卖过不同种类的商品，但是，不管销售哪一种商品，他都可以取得很好的业绩。他总是告诉顾客某一商品非常短缺，他说："这种厨具卖得非常火，现在只剩下最后一套了，如果您不要的话，可就买不到了。""您应该考虑一下，最近这种商品非常短缺，从工厂进货都很难，我不敢保证您下次再来的时候还有货。"

他这样的说辞很有效，许多顾客就是听了他的这些话，最后买下了他推销的商品。为了让自己不因为买不到而后悔，顾客会非常果断地做出选择，先把商品拿到手再说，这样他们才能够安心，这也是周先生成功的秘诀。

数量有限的信息必然会对顾客的购买决策产生一定的影响，销售员要学会运用这样的销售策略来推销自己的商品，促成成交。当销售员发现顾客对某种商品很感兴趣的时候，就要适当地对他们进行巧妙的引导，在说明商品质量可靠、价格实惠的同时，也可以告诉他们，这种商品十分短缺。当顾客听到这样的话后，往往会有一种现在不买以后就很难买到的心理。因为拥有它的机会变少了，而其对顾客的重要性也就大大提高了。于是，顾客通常会马上做出决定，先买回家再说。

对顾客来说，得不到的才是最好的

不知道各位读者是否也有着这样的心理——得不到的，才是最好的。在销售中，销售员可以根据这个心理进行推销。每个人都有逆反的心理，别人说“不准看”，他就非要看。这种欲望是天生就有的，被禁止的程度越强烈，人们的抗拒心理也就越大。因此，销售员可以深入地研究一下这种心理，在销售过程中利用起来，不但可以将那些看起来“顽固”的顾客软化，而且，还可以让他们的态度发生巨大的转变。

“你不给，他偏要！”这似乎是每个人都具有的一种逆反心理。社会心理学家罗伯特·恰尔蒂尼说：“我们对稀罕物的本能占有欲直接反映了人类的进化史。”

《查特莱夫人的情人》是西方十大情爱经典小说之一，是英国作家劳伦斯的最后一部长篇小说。由于书中有大量的情爱方面的描写，所以，一度被政府列为禁书。没想到的是，当人们得知此书被禁后，反而更想看一看这本书。结果这本没有公开出版的作品很快就以盗版书的形式出现在黑市上，没过多久就卖了几千万册。

下面再来看一个有趣的案例：

在一个超市里，促销员从满满一箱饼干中拿出一些免费给顾客品尝。顾客吃了以后觉得非常好，说："味道不错。"接着，他又从一个只剩下少量饼干的盒子里拿出一些给顾客吃，顾客说："这种饼干味道更好。"于是，顾客都去买吃起来味道更好的饼干。实际上，促销员拿的饼干是一样的，只不过饼干的形状略有不同罢了。但是，人们往往认为稀缺的东西价值更高，于是就去买剩下不多的饼干。

顶尖的销售员都明白，在销售过程中，假如可以很好地利用顾客这种"物以稀为贵"的心理效应，那么，商品通常会被顾客一抢而空。因此，销售员需要做的就是让顾客感觉你的商品十分稀缺。

眼看着快到夏天了，天气一天天热起来了，卖防寒法兰绒衬衫的何老板越来越苦恼了，因为他积压了大量的防寒衬衫，都没有卖出去。

正在他苦苦思索如何应对的时候，他看到街对面的水果店里有很多人在买香蕉，有人喊着："每人只能买一斤！"

于是何先生想到了办法，他马上写了一张通告，告诉售货员说："我们的商品每个人只能买一件，未经我批准不准多卖一件！"

过了十分钟，有一位顾客走进了店面，对着何经理大声说道：

“我有一大家子人，他们都需要这种衬衫……”

在顾客的再三请求下，何经理只好不情愿地说：“好吧，卖给您三件。”这位顾客刚出门，就有一个男人闯了进来，大声嚷道：“你们根据什么限量出售衬衫？”

“根据实际情况。”何经理回答，“这样好了，我破例卖给您两件。”有一个年轻人竟然在一个小时内几进几出，买了大量的衬衫。不一会儿，店门口排起了长队，后来，还惊动了维持秩序的保安。

下午，何先生又想了一个新的方法：出售衬衫送毛巾。这样更引得顾客们争相购买。傍晚的时候，所有积压的衬衫都卖光了，何先生的脸上露出了满意的笑容。

这是一个成功销售的例子，首先，利用人们的好奇心理将顾客都吸引过来；然后，利用人们的逆反心理让顾客觉得东西稀少，很难得到。何先生成功地做到了这两点，商品畅销也就很容易实现了。

如今，有很多超市都在搞类似“五年店庆”“十周年庆”的促销活动，其广告词基本上都差不多，比如“加一元多一件”“买一赠一”等。这些销售手段很普通，没有什么特别的地方。假如销售员在这些活动的基础上适当地用一些相反的手段，可能就会起到不一样的效果。

通常，人们在做事情的时候会有自己的欲望和想法，通过对产品的分析、判断做出决定和选择，而不希望受到别人的指使。当一个人打算改变另一个人的想法和决定的时候，就要把自己的意念强加给对方，让对方产生一种逆反心理。于是，对方就会采取和他相反的态度或者言行，以此来维护自尊。实际上，这种逆反心理恰恰是人们为了避免自己受到危害的一种保护措施。越是买不到的东西，人们越想要购买。销售员只要抓住了顾客的这种心理，就可以轻松地卖出商品。

大家买我也买，瞅准顾客的从众心理

在生活中，我们经常看到一种现象：生意越好的店门口，人越多。大家都排队抢着购买。而生意不好的店则越来越冷清。这种现象在心理学中有一种称呼——从众心理。相信大多数顾客都有这样的心理，看到某个店面门口排起长队，哪怕自己没有购买欲望，也要过去看看卖的是什么，最后会稀里糊涂地跟着排队购买。

从众心理，指个人受到外界人群行为的影响，而在自己的知觉、判断、认识上表现出符合公众舆论或多数人的行为方式。从众心理在我们日常生活中还有一种俗称——随大溜。生活中虽然有个别的人会保持独立的想法，但大多数人还是会“随大溜”。因为顾客都有这样的心理，毕竟大家都在买，质量肯定错不了，即便上当了，也不止我一个人。也就是说，多数人怎么看、怎么说、怎么认为，自己就采取相似的行为。

销售员可以很好地利用从众心理来推销自己的商品。比如，销售员可以对顾客说：“有不少人都买了这样的产品，他们都说不错”“小区里有很多和您年纪差不多的人都在用我们的产品”，这样的言辞能让顾客觉得心里踏实，他们认为那么多人都购买了，一定错不了，进而自己也会随大溜购买。

再比如，某商场的入口处有很长的队伍，从商场门前经过的人就会被吸引过来，加入到排队的队伍中。当人们看到这样的场景时，他们的第一个想法就是：有那么多的人围观这个商品，一定不错，因此，我不能错过这个机会。这样一来，排队的人就会多起来。实际上，在这些人中真正有明确购买意图的没有多少，他们只不过是看到其他人的行为，相互影响。既然顾客有这样的心理，销售员在进行销售的时候，就一定要利用好顾客的这种心理，影响人群中的敏感者接受产品，从而更好地让整个人群都接受产品。

有一个店铺专门经营床上用品，其中四件套卖得最好，年销售额连创新高，取得了不错的业绩。

在刚开始的时候，这家店铺是一个生产并销售雨衣、游泳帽、床垫、四件套等的综合性企业。然而，由于店铺的产品品种杂乱，没有一点特色，因此销量非常差，有一段时间甚至面临倒闭的危机。在某个偶然的机会中，老板发现了床上四件套卖得非常好，于是，他就放弃了其他的产品，专门生产并销售床上四件套。

这家店铺的老板进回来非常好的四件套，而且产品都是采用最新的技术、新材料，质量没得挑；他花了很多精力去宣传产品的优点，希望可以引起市场的轰动。然而，刚开始试卖的时候，没有人问津，生意特别冷清，几乎到了无法经营的地步。老板非常焦急，每天都无法安然入睡，最后，他终于想出了一个好办法。他先让自己的员工假扮成顾客，在店铺门口排成长队来购买。没过多久，店铺的门前就聚集了很多人，几排长长的队伍让过往的行人驻足观望："这里在卖什么？""是什么商品，这么多人买？"如此一来，就营造出了火爆销售的氛围，于是，有不少人都成了"从众型"的买主。随着产品的不断销售，人们慢慢地认可了这个品牌的床上四件套，前来购买的人越来越多。

床上四件套的畅销实际上就是利用了顾客的从众心理，从而更好地打开了市场。但是，前提是产品的质量要好，而且，在被顾客购买后可以得到顾客的认可，这才是销售的关键，利用心理效应只是吸引顾客的一种手段而已。

我们经常会看到大街上发产品宣传单，如果你仔细观察，就能够发现，某人在发传单，假如有一个人从他身边经过后没有拿他的宣传单，那么，后面的人也不会要；而只要有一个人接了他的宣传单，那么，后面的人就会主动去索取。在柜台促销中，甚至会遇到这样的情况，假如有一个人购买了产品，围观的人就会去购买；如果没人买，那么，后面来的顾客也不会购买。造成这种状况的原因就是顾客的从众心理。在很多情况下，人们会跟随众人的行动。

在网上购物时，人们首先关注的是商品的销售量、浏览量，还有其他顾客对商品的评价，以及商品有没有最新的促销通知等，这些都可以给顾客创造一个“绝不是仅有你一个人在购物”的环境。购买的人越多，顾客就会觉得买这件商品越划算，购买这件商品是很明智的。在自己之前，已经有很多人都买了，而且，以后还会有人买，所以不用担心，放心购买吧。

这就是典型的从众心理，几乎每个人都有，是无法避免的。顾客通常都会有这样的心理，大家都觉得好，那么，我也觉得好。为什么有很多企业，在做广告的时候会去找有影响力的人物呢？就是因为，这些人可以影响顾客的消费行为，当人们看到了某个著名人物做的广告后，就会顺应大众的心理，去购买这种产品。“你也在用，我也在用，大家都在用”，于是，广告就发挥出了它的巨大作用，所以广告实际上就是在利用人们的从众心理。有多顾客对新品牌有很大的顾虑心理，在顾客无法做决定的时候，要让他们看看周围的人都在使用这个产品，特别是顾客认识的人，这样会有更好的效果，可以让顾客放心购买。

清仓大甩卖，让顾客认为他赚大了

任何一个顾客都希望可以花最少的钱，买最多的商品，甚至希望可以得到更多的赠品。而商家进行的清仓大甩卖、降价促销等活动，恰恰迎合了顾客这样的心理。为了省钱，有很多顾客都希望到挂着“清仓大甩卖”标牌的商店中购买商品。之所以大部分的顾客都喜欢清仓大甩卖，就是因为他们有一种趋利的心理。如果销售员清楚并了解顾客的这种心理，就有助于在实际的销售活动中更好地完成任务。

王先生经营了一家鞋店，因为上个季度是销售的旺季，因此，他购进了大量的货物，而且，销售的情况也非常好。后来，由于王先生对市场预测失误，没有大量削减进货的数额，最后导致很多的商品积压。虽然王先生用了许多办法，但是，货物积压依然很多。最终，由于商品马上就要换季了，王先生才不得不打出了“清仓甩卖”的招牌。然而，让他没想到的是，这一次清仓甩卖竟然让他店里的销售额出现了上涨，不过，依然没有实质性地打开销售缺口。

后来，王先生发现，很多顾客都是因为看到了门口清仓甩卖的广告牌才进入店内的，但是，当他们进入店里后，却没有购买的意思，而是犹豫地到处看看。这让王先生十分疑惑，因为清仓甩卖是他最后的招数了，以前都非常有效。

为了了解顾客的想法，王先生想了其他的办法——他以顾客的身份来到了购物街上，发现只要到了换季的时候，大部分的商家都会有清仓甩卖的活动。因此，清仓甩卖已经无法吸引顾客了。但是王先生没有放弃，为了能够更好地了解顾客的感受，他来到了一家陌生的鞋店中，这家店面里也打着“清仓甩卖”的招牌。从外面看没有什么不同，但是来到了店里后，王先生发现整齐的鞋柜、一尘不染的样品，马上就对“清仓甩卖”有了质疑。这个时候，他明白了，自己应该对“清仓甩卖”有一个大的调整了。

第二天，王先生找来了两个大纸箱，然后把鞋柜上的鞋子都杂乱地扔了进去，而放在鞋柜上的那些都是最新款型的鞋。之后，他又将“清仓甩卖”的牌子重新写了一下，就挂了出去。当天，王先生的店内销售非常火爆，很多顾客看到王先生店外“清仓甩卖”的招牌后，都愿意进来看看。然而，当他们发现了鞋柜上整齐摆放的新款鞋子时，有一点质疑。不过，当他们看到了纸箱里的鞋子及“甩卖”的标牌后，就改变了态度，都情不禁地去挑选。因此，当天的销售情况非常好，王先生清点后发现，只用了一天的时间，就达到了过去一周的销售额。在接下来的几天里，王先生依然用这样的方法，卖出了全部的积压货物。

销售员要明白，“清仓大甩卖”仅仅是销售的手段，关键是要让顾客认为有利可图，商品确实是降价出售。假如每个商家都持一样的“清仓大处理”招牌，并且销售方式也一样，那么，顾客自然就会产生怀疑。一旦顾客知道销售员的把戏，他们就会感觉自己被欺骗了。这样一来，就算商品的质量及销售员的服务再好，顾客也不会再去光临了。

实际上，清仓甩卖的销售方法如果不能正确使用，很容易对积累顾客造成不好的影响。比如，某家商店经常通过“清仓甩卖”来招揽生意，就算是真的降价，顾客也会觉得不可信，认为商家是在耍把戏，当然也就不会去登门购物了。但是，为什么很多商家依然能够通过长期使用“清仓甩卖”获得很好的销售量呢？因为商家在使用这一方法时注意了两个方面。首先，保证商品的流动性。也就是说，要保持在每个销售季度的末期做一次清仓大处理。对于积压了很久的商品，要及时下架，并尽快上架新款商品，通过实际降价的方式进行清仓处理，这样，顾客就会来购买，这才是真正的“清仓甩卖”。还有一种情况就是，一定要把“清仓甩卖”当作是一种手段，在销售的过程中保证顾客有足够的流动性，因为大多数的顾客都是一次性交易，也就不存在被质疑的机会了。

顾客不一定爱便宜，但一定爱“占便宜”

喜欢占便宜是人性的弱点，几乎人人都有占便宜的心理。尤其是在商品的购买过程中，占小便宜的欲望就更加明显。如果我们对想占小便宜的心理进行深度分析，就会发现，很多时候人们喜欢占小便宜不是因为有功利心，而是因为占到了“小便宜”会有一种愉悦的心情。

花很少的钱，买到很多东西，那种占到了便宜的喜悦是难以言表的。顾客的这种心理被一些聪明的商家利用，结果赚得盆满钵满。比如，女性在购物的时候，通常会利用不降价就不买的方式“威胁”商家，于是，商家最终妥协了。他们为难地说：“马上要下班了，不赚钱卖你好了”“今天你是第一单，算是图个吉利吧”“这是清仓价给你的，你可不要和别人说啊”……于是，女人们以为自己占到了便宜。这样的情况在日常生活中经常会见到，精明的商家会以不同的借口促成交易，并且让顾客感觉占了便宜。由此可见，大多数顾客并不太在意商品的真实价格，他们只是想买到更便宜的物品而已。

适当地给顾客一点利益是商品成交的润滑剂。每个顾客都想用最少的钱，获得最实惠的商品，假如商家可以免费赠送一些小商品就更好了。在商品销售中，了解并掌握顾客的这种心理，将这种心理利用起来，给顾客一些小恩小惠，能更好地进行销售工作。

虽然说，几乎每个顾客都有着占便宜的心理，但是，他们又都有一种“无功不受禄”的心理。因此，精明的销售员通常会将顾客的这两种心理结合起来利用，在未做生意或者生意刚刚开始的时候送给顾客一些精致的礼物，以此来提高双方成交的可能性。

研究发现，占便宜的心理会让人感到心理满足。顾客会因为用较低的价格购买到质量较好的商品而感到愉快。销售员通常会利用顾客的这个心理，通过价格的差异来吸引顾客。

有一个服装店里售卖一件貂皮大衣，但是，由于衣服价格太高，很久都没有人来买。有一天，店里的服务员小赵告诉老板一条妙计，他跟老板说一天之内就可以把貂皮大衣卖出去。老板对此并不相信，衣服在店里挂了半年多了，人们只是问问价钱，然后就摇头走了，怎么会在一天内卖出去呢？但老板还是愿意让小赵试一试，反正也没有什么损失。

小赵让老板按照他的妙计去做：无论是谁，在问这件貂皮大衣卖多少钱的时候，就回答五万，而实际上它的原价只有三万。

两个人商量好后，小赵在店里照顾生意，老板在办公室里，整个上午都没有什么人来。下午的时候，有一位妇人来到了店里。她在店里转了一圈后，看上了那件卖不出去的貂皮大衣，就问小赵："这件衣服多少钱啊？"

小赵假装没有听见，还在忙自己的事情，妇人大声又问了一遍，小赵才"反应"过来。

他对妇人说："不好意思，我是新来的，听力不太好，我问一下老板。”

说完他就冲着办公室喊道：“老板，那件貂皮大衣多少钱？”

老板说：“五万！”

“多少钱？”小赵又问了一遍。老板还是回答：“五万！”

声音非常大，妇人听得很清楚，她感觉太贵了，打算离开。

这个时候，小赵对妇人说：“老板说三万！”

妇人一听，心花怒放，她以为小赵听错了，自己可以少花两万元买到这件衣服。于是，她想都没想就匆匆付钱离开了。

结果，小赵真的就在一天之内将滞销了很久的貂皮大衣按照原价卖出去了。

妇人占便宜的心理被小赵利用了，结果衣服很轻松就卖了出去。其实，在很多世界顶尖销售人员的成功法则中，利用价格的悬殊对比来获得成交是较常用的方法。

顾客爱占便宜，那么，我们就给顾客便宜。优惠手段是促进销售最常用的方法之一，有时候，优惠政策运用得当，能够让一个商品销量翻倍。顾客看的是优惠价格，然后，他们会和你的竞争对手的商品做比较，假如你没有让顾客感觉到实实在在的优惠，他很可能就会离你而去。因此，销售员不仅要注重商品的质量，还要注意满足顾客这种想要优惠的心理需求。

用一个好故事，打开顾客的心扉

为一个产品讲一个好的故事，也许这个产品的形象就提升了一大截，而这个故事也成了顾客追逐这款产品的亮点。

如：褚橙，通过褚时健老年创业、老当益壮的故事，把其他卖橙子的产品远远甩出了几条街；又如海尔，通过一个砸冰箱的故事，就让海尔品牌深入到了千家万户。而最好的故事，可能就是钻石了。若是钻石也算作一个品牌的话，它通过一句“钻石恒久远，一颗永流传”就成为爱情忠贞不渝的见证和代表，成为每一对夫妻的戒指上必有之物。

作为高端手表品牌的百达翡丽，也通过创业家族四代掌门人的故事而成为很多人士备受青睐的品牌。百达翡丽曾以“开创，属于自己的传统”这一广告词，让自己的品牌深入人心。其四代掌门人也是以这样的理念引领着公司的发展方向，而这与顾客信奉的人生价值又如此契合。

但让百达翡丽更进一步的，却是一个“代代相传”的故事。这是一则广告片，在这个广告片中，生动地讲述了一块百达翡丽手表，如何成为父子俩之间的纽带。无论从文化背景，还是从大众的情感上，这个“代代相传”的故事都深深地击中了每一位看了故事的顾客，让每一位顾客都感同身受。而广告片中的那句“没有人能真正拥有百达翡丽，只不过为下一代保管而已”更是一语中的，不仅将手表从服装中的一个配饰提升为了两代人传承的物品，更让百达翡丽成了高贵、朴实、持久、传承的代名词。

相信每一位顾客看完这个广告片中的故事后，都会想要买一块百达翡丽手表，不是为了好看，而是为了“代代相传”。这就是一个好故事给一个品牌带来的影响力。

由此可见，在销售时，销售员不要去和顾客纠缠商品的价格。因为一旦陷入价格的纠缠中，产品将很难卖个好价钱，甚至很难达成交易。而给产品背书一个有说服力的故事，在精彩的故事中，顾客的心也就被牵动了。

有很多顾客在购买产品时，并不仅仅是为了物质上的享受或满足，更多的是追求心理上的满足。因此，就出现了一种奇特的现象，我们发现很多商品越贵越受顾客追捧，产品越畅销。美国经济学家凡勃伦是最早注意到这一现象的，因此，这种情况也被人称为凡勃伦效应。

现在，越来越多的公司运用凡勃伦效应来进行产品的销售。比如，给产品添加一个动人的故事，从而加强顾客对商品的好感，有效地提高市场份额。

在购买产品时，许多顾客的第一反应是把注意力集中到商品的价格上，而最终做出购买决策时，他们关注的往往不是价格，而是商品的价值。如果我们能通过一个故事凸显商品的价值，那么，顾客的价格异议就像泡沫一样自然而然地消失了。

产品背后的故事可以是产品自身的故事，也可以是与顾客有关的故事。

比如，一位小白领向销售员抱怨iphone X太贵时，销售员如果说："先生，7000块已经很便宜了，你到任何店铺都不可能拿到比这儿更低的价格……"那么这个销售员便是在就商品卖商品，就价格谈价格，很可能遭到顾客拒绝。

事实上，这时顾客的心理是矛盾的，他既希望少付出购买成本，又希望这个手机很有价值、很能给他长面子，而销售员就价格谈价格等于否定了手机的价值。这样，成交的概率自然就会降低。

如果销售员换一种方式说："先生，这个手机太适合您了，您出去见客户，随手拿出来接打电话，多显身份。您跟女朋友约会，让身边的人看到了，肯定会说您女朋友找到了一个好对象。过年过节回家时，您拿着最新款的手机，爸妈也会觉得您一人在外地过得很体面，就会放心多了。"然后，销售员给客户描绘了几个他生活中最常出现的场景，而每一个场景都能深深地打动他。这样，成交的概率自然就会大大提高。

需要注意的是，销售员在否定客户的价格异议、提出有说服力的故事时，一定要注意掌握技巧，不能过于生硬，否则会招致客户的反感。比如，“这个价你还觉得贵，那是因为你不知道……”这种说辞只会让客户脸上蒙羞——他很难再听销售员继续说下去。

销售员可以用询问的方式，向顾客提出问题，引导顾客慢慢地一步步地回到自己所提出的疑问，进而否定自己的观点，再转而同意销售员的观点。比如，上面iphone X的销售员可以直接反问客户：“一个让你在女朋友面前有面子，让您在客户面前显身份的手机，您觉得它值多少钱？”

还有另一种情况，就是销售员先肯定顾客所提出的观点，再提一些自己“不成熟的小建议”，这样可以避免顾客的抵触情绪，使得顾客更加容易接受销售员的小建议。在处理这种疑问时，先认可顾客的意见很重要，然后销售员巧妙地使用一个转折词，如“但是”等。

给产品背书一个故事，其实就是通过实事求是的说服，使客户明白商品的价值高于（或等于）价格；销售员要向客户说明产品具有什么特征和功能，并指明产品具有什么利益，能增加什么价值，激发客户内心的需求欲望。因此，销售员宜多从产品价值谈起，少谈产品价格，要技巧性地把客户的关注点从价格上引开。

第八章

谈判不是你死我活，双赢才是更好的模式

多替对方考虑，你的话才有说服力

在我们与人相处时，尤其是在谈判中需要对方接受我们的观点时，无论是苦口婆心，还是威逼利诱，都不如换位思考来得直接有效。只有站在对方的立场上，才能让别人被说服得心甘情愿。这就是换位思考的力量。

在一次谈判课堂上，讲师给学员出了一道题目，要求学员自己和全班同学谈判，让每个人自愿走出教室。

第一位学员走上讲台，对全班的同学大喊道：“我代表老师命令所有人都离开这个教室，马上！”结果，全班没有一个人走出教室。

第二位学员走上讲台，对大家说：“现在我要开始打扫教室了，不想被弄脏的同学请离开！”结果一部分人离开了教室，还有一部分人仍然留在教室内。

第三位学员想了想，走上讲台，没有说一句话，而是工整地在黑板上写道：“各位同学，午餐时间到了，现在下课。”结果同学们争先恐后地向食堂跑去，很快教室里就空无一人了。

故事中第一个学员想通过权威来命令别人，结果以失败告终；

第二个学员想通过威胁来说服别人，结果还是没有成功；第三个学员懂得避实就虚，从同学们的心理着手，终于成功地把所有人“请”出了教室。

谈判时，如果双方都能换位思考，那是最好的。可是，一般情况下，每一方都只会为自己着想，会想着“对方应该怎么做”，而不是“自己应该怎么做”。如果双方都这么坚持，必然会让谈判陷入僵局当中。这时候，假如有一方能说类似“我们重新核算了一下贵公司的运营成本，考虑到你们的盈利情况，我们可以适当调整报价”这样的话，那么僵局可能就会轻而易举地被打破。

任何一个具有战略眼光的谈判者都知道，在谈判的时候决不能太贪心，决不能妄想拿走谈判桌上的最后一分钱。也许你会认为自己取得胜利了，但若是对方感觉你把他打败了，这对于你的长远发展来说并一定会有好处。

留在谈判桌上的最后一分钱是特别昂贵的，说不定什么时候你就要因为它牺牲更多。因此在谈判桌上留下最后一分钱，甚至主动去关心对方的利益，使对方感觉他也是赢家，这样的谈判便可以达到双赢。要做到这一点，在商务谈判中，措辞上就要有为对方着想的倾向。在这方面，我们不妨来学学戴尔·卡耐基。

有一段时间，戴尔·卡耐基每一季度都有十天要租纽约一家饭店的舞厅用来举办讲座。后来，这家饭店突然提出要把租金提高两倍的价钱。而这个时候讲座的票都已经发出去了，改变地点是不可能的了，但戴尔·卡耐基当然不愿意出这么高的租金，于是便与饭店经理进行谈判。

戴尔·卡耐基说："听说你们想要提高租金，我感到十分震惊。不过我非常理解你们，因为你们的职责就在于为饭店谋取更多的利益。倘若你一定要提高租金，那么让我们拿来一张纸，把它带给你的好处和坏处都写下来。"

戴尔·卡耐基拿了一张纸过来，在中间画了一条线，左边写着"利"，右边写着"弊"。在利的一边他写上"舞厅，供出租用"，接下去他说："假如舞厅空闲的话，便可以出租供舞会或是会议使用，这是十分有利的。这些活动给你带来的利润要远远高于租给我举办讲座的收入。"

"那么，让我们再来考虑一下它的弊端。首先你无法从我这里得到更多的金钱，相反你能获得得只会更少。但其实你正在取消这笔收入，因为我负担不起你提出的价格，而如果你坚持提高租金，我就只好到其他的地方举办讲座了。

"其次，对你而言还有一个弊处。我举办讲座吸引了许多有知识、有文化的人来到你的饭店，这本身就是很好的免费广告。你即便是花费五千美元在各大报纸上做广告宣传，也不一定比我的讲座更能吸引人来到这里，这对于你们而言不是非常有价值的事情吗？"

戴尔·卡耐基写下来这一利两弊交给饭店的经理，说："希望你能认真思考一下，权衡一下利弊，然后再告诉我你最后做出的决定。"第二天，饭店经理对他说，他答应把租金提高1.5倍，不再是原来的两倍了。

戴尔·卡耐基的每一句话都是站在对方的立场上谈论对方的利益，讨论如何才能有利于对方，最后他不但顺利实现了自己要降低租金的目的，还让对方觉得对方从中也获得了许多利益，使对方心甘情愿地与自己达成协议。在这件事情上，戴尔·卡耐基接受了对方把租金提高1. 5倍的意见，而不是一点都不肯让步，也是在谈判桌上给对方留下了 点东西，这样才赢得了谈判最后的成功。

可见，要想有效地实现共赢，就应当适当地站在对方的立场上去思考问题、去说话，进而促成谈判。千万不可过于贪心，完全置对方的利益于不顾，言辞之间都只顾着自己的利益。

给对方让一点利，打造双赢的结局

要想在谈判桌上说服别人，往往就得相应地给对方带去一定的利益。即便有时候并不能马上给对方带去现实的利益，但至少也要让对方看到预期的利益，这样才能更好地打动对方。

法拉第是发电机的发明人，没有他，英国第二次工业革命就很难掀起狂潮，也就没有今天繁华光亮的世界。而他之所以成功，与他争取到政府的资助关系重大。

那时候，法拉第由于没有足够的经济来源，在研究发电机的过程中遇到了严重的经济危机，如果没有人资助他，那么研究就只好放弃了。他想了好久，最后决定向政府寻求资助。

当他带着一个发电机的雏形，求见了英国首相史多芬，满腔热情地向他讲述着这个划时代的发明时，对面的史多芬反应始终非常冷淡，对法拉第的发明创造没有表现出丝毫的兴趣。

法拉第知道不能说动史多芬，没有政府的资助肯定就没有戏了。眼看史多芬对这种科学研究没有兴趣，于是法拉第灵机一动，就说起了这种发明将会带来的收益："首相，这个机械将来如果普及的话，必定能大大增加全国的税收。"

史多芬听到能够增加政府的税收，于是马上就来了兴趣，开始认真地询问这个发明的相关内容。就凭那一句话，首相改变了初衷，最后拨给了法拉第一笔不小的研究费用，让法拉第完成了这个改变世界的发明。

法拉第求助史多芬，费尽心思也没有能够把他说动，但是让他看到资助自己政府将会取得的巨大收益后，终于成功地获得资助。否则也就不会有法拉第的成功，也不会有英国工业革命的成功，更没有整个世界的辉煌发展。

在商务谈判中也是同样的道理，如果我们能向对方阐释清楚“利益均沾”的道理，那么便能拉近彼此的距离，让氛围和谐起来，谈判也将进行得非常顺利。

据说，希尔顿在建造达拉斯希尔顿饭店时，曾经因为资金不足，被迫停止了施工。

为了顺利施工，希尔顿只好找到他的地产商——杜德。

杜德听到希尔顿面临的困境之后，只是事不关己地回答了一句：“那只好停工了。”

希尔顿说：“但是这样下去，您的损失比我还大。”

杜德听到自己的利益即将受损，立即说：“你这是什么意思？”

“假如我的饭店停工的话，势必会对你的地价造成影响。假如我趁这个机会宣扬一下，我之所以停工，是因为盖在这里不好，我想另选地点，那你的地皮就会变得不值钱了，因为很少有人会相信我没有钱……”

杜德认真地思考了一会儿说：“所以你来找我的目的是什么？”

“我有一个互惠互利的方法，就是你出钱帮我把饭店盖好，然后我再花钱向你购买。”

杜德疑惑不解，希尔顿解释说：“意思就是说饭店由你来盖，再卖给我，我分期付款给你。更重要的是，只要饭店继续盖下去，附近的那些地都有增值的可能，如果我再帮你宣传一下，到时候你一定不会吃亏。”

虽然希尔顿的这种手段有点近乎耍无赖的感觉，但是他说的都是事实，所以杜德只好同意了希尔顿提出的条件。

在上面这个事例中，希尔顿在谈判时始终围绕彼此利益的关系在说，让对方充分意识到了合作的获益及不合作的损失，这才在谈判中取得了成功。

试想，如果希尔顿自始至终都围绕着“你必须借钱给我”这个中心说服杜德，说自己多么迫切地需要帮助，说自己会记住这份情义；而不告诉杜德这样对他来说有什么好处、不这样做又会有什么损失的话，杜德是绝对不会动心的，相反，他可能会始终保持一种事不关己的态度。

谈判中，我们也不妨明确地告诉对方双方合作后，彼此的利益都会增值。而只要真诚地向对方阐释清楚“一荣俱荣，一损俱损”的道理，就很容易拉近双方的距离，促成协议的达成。真诚是一个人难得的品质。有时候，一个人的成败不在其他方面，而在于他是否真诚。日常生活中如此，谈判中更是如此。

谈判场合，永远不要说“你错了”

谈判专家这样告诫我们：“千万不要就不同意见和对方争辩，这样只会导致对抗，特别是谈判刚开始的时候。”当双方之间的意见出现分歧的时候，不要立即反驳，反驳只会强化对方的立场。要学会使用“感知”的方式表达自己的立场。在适当条件下使用“他”“他们”等第三人称，避免使用“你”“我”这种第一、第二人称导致的对抗情绪。假如对方开始有争辩的想法，那我们可以想办法化解对方的负面情绪，比如说“我完全理解你的感受，很多人都有和你相同的感觉，但是你知道吗？在仔细研究这个问题之后，我发现……”“我完全理解你的感受，有些客户在第一次听我们介绍时也是这么想的，可是仔细分析一下影响产品质量的因素，他们总是会发现……”“我同意你的说法，还有一些客户也是这么说的，可是实际使用后，他们发现，很多影响质量的因素并不是那么明显，比如……”如果客户听到一些谣言，来质疑我们，我们可以说“是的，我听说这件事了，类似的谣言并不只是这一条，现在我们有XX这样一年订购几百台的大客户，还有德国、法国、英国等客户都和我们有独家代理协议，所以我们并没有什么问题”。

有一个学员做汽车推销工作，但是他做得很不如意，于是向别人寻求帮助。结果，别人稍微一试探，就知道他有个毛病，那就是喜欢与人争辩。他经常和顾客争论不休，粗暴地反对顾客的观点。每当顾客打断他的介绍，并对汽车质量或者性能等提出质疑的时候，他便怒火中烧，毫不客气地大声争辩，一直到弄得顾客哑口无言为止。尽管他嘴上赢了，却没有人敢买他的汽车。

于是，有人告诉他，他首先要做的不是学习谈话技巧，而是压制自己喜欢争辩的个性，应该清楚这是做生意，不是总统竞选。即使心里有什么不同的意见，或者发现对方有明显的错误，也应该保持冷静，以一种温顺和谦和的口气加以解释，千万不要直接指责。

他耐心地听取了建议，尽可能不与别人争辩。如果顾客说别的汽车怎么好，他就一言不发，先恭敬地听完，然后说："那款车确实不错，质量很好，风格时尚，他们公司的推销员也很棒！"顾客得到了认同，自然也就无话可说了。于是，他就趁此机会开始介绍自己的汽车："这款车其实也不差……你看……"，就这样他很少与人发生冲突，业绩自然很快就上升了。

当你与对手开始争辩的时候，或许你的观点是正确无误的，不过，当你强迫别人改变他的观点的时候，你也会一无所获。其实，正确与错误本身并没有多大的意义，观点是个人的，我们每个人都有坚持自己观点的权利，即使是错误，你也无须让别人都听从你的意见。

纳森是一名所得税顾问，最近因为一项9000美元的账目问题，使得他与一位税务稽查员发生了点争执。纳森认为这是应收账款里的一笔死账，根本没有办法收回，所以不应该被征税；而税务稽查员却始终不相信，认为他在耍花招。纳森越是争辩，税务稽查员越是固执。

于是，纳森决定改变话题，尽可能不刺激税务稽查员敏感的神经。他说："和你比起来，我做的这些工作简直是微不足道。我也曾研究过税务问题，但那都是书上讲的，我觉得枯燥乏味，至今对此类问题还是一知半解。而你的知识和经验却全部来自业务实践。所以，其实我很想向您请教一些这方面的问题……"纳森的态度诚恳且认真。

税务稽查员听完，气也消了很多，开始友善地谈起自己的工作，还说了许多人偷税漏税的花招，说他十分反感这些人。聊着聊着，税务稽查员的口气越来越友善，最后甚至兴奋地聊起他的儿子来。临走时，这位税务稽查员对纳森说："我会认真考虑你的意见和问题的，并在这几天之内给出结果。"果然，三天之后，他来告诉纳森说："我不再征收那9000美元的税了。"

也许税务稽查员争论的并不是一个谁对谁错的问题，他总是觉得自己是税务稽查员，自己就是权威。而他在工作过程中，竟然有一个人与他争辩，那自然会让他没有面子。但纳森的态度改变了他，争辩就变成了专业知识的探讨。

苏格拉底说："我只知道一件事，那就是我什么也不知道！"在谈判过程中，当我们认为别人观点有误，应该抱着更多的宽容和理解，而不是说"你错了"。我们可以这样说："嗯，可能是这样的，不过我还有另外一种想法，不知道对不对……不对的话还请指正。"这样说，反而会收到很好的效果。

其实，我们还可以更加谦虚一些。假如我们能谦逊地说可能是自己错了，那对方自然也就不好意思再固执了，这其实就是一种双方的妥协。人是有感性的生物，并不总是按照逻辑规则进行思考。我们通常生活在一种情感之中，通过直觉和喜恶来判断问题。假如不高兴的话，即使是错的也会固执己见，甚至迁怒于对方，于是很容易在无意识中犯下错误。

贪婪的后果，就是造成谈判的失败

谈判中，倘若占有优势，或遇到对方让步的情况，会很容易忽视对方的底线，导致过度贪婪。这也是谈判过程中很容易犯的一个错误。如果不注意，陷入其中，那就可能会让胜券在握的谈判走向失败；假如能绕开这一误区，那就能成功促成谈判。

一家小贸易公司成立不到一年，就迅速发展起来了。老板叫张成，是个年轻小伙。他的发迹让同学们很羡慕，大家都说他运气好，他只是笑笑。后来，一位也从事贸易业务的同学跟随张成去谈生意，这才知道，张成的“运气”好在哪里。

张成刚从外国客户那里接到一个单子，对方想在中国找工厂生产他们设计的服装。和外国客户谈好后，张成开始在网上寻找合适的服装制造厂，然后仔细确定和对方合作的方案，最后他锁定了一个目标，并和厂长约好进行谈判。

厂长说：“我们厂给老外加工衣服已经十多年了，经验丰富，做工精细，材质也好。”

张成说：“这个我放心，据我所知，很多经你们加工的服装都受到了好评。”

厂长听了，很高兴，乐呵呵地说：“我们也是本着良心办事。”

一番介绍和肯定后，他们开始谈起加工费用。厂长说：“如果对方提供原料的话，那我们的加工费一般是服装原价的10%；如果对方不提供的话，那就是20%。”

张成知道，这只是对方想要的理想价格，即使在对方不提供原料的情况下，按原价的15%收费，他们也是稳赚的。作为同行，张成的同学也清楚这一点。他在一旁不吭声，想看看张成是怎么处理的。

“他们的服装材质我们是可以提供的，所以，不必他们再提供，这方面我已经跟外商谈好了。我们可以先做好样品，寄过去给他们看一下。但是这个加工费，我想还可以降低一点。”张成平静地说。

厂长说：“你也知道，现在物价普遍上涨，工人的工资也涨了。所以我们这个加工费也得涨啊，不然厂里压力太大了。没有利润，就没法运转下去。不瞒你说，20%我已经给你最低价了。”

张成微笑着回答：“20%确实有点高，我们公司完全没有利润。这样吧，你再说个价。”

厂长想了想：“咱们也是初次合作，留个好印象，原价的18%吧。”

张成见厂长降价了，觉得这个谈判有望成功了，再压低一点，对方也能接受，于是便说：“还是有点高，你就真心诚意地说个价吧。”

厂长笑了笑，说：“我也不跟你兜圈子了，那就15%吧，这真是最低价了，不能再低了。”

张成的同学见厂长如此爽快，心想，再压一点肯定也没问题，便急忙说：“14%成交吧。”

此话一出，厂长有点不高兴，他有点生气地说：“你们要是想要这个价的话，那我们真没法做，您还是找别家吧。”

张成立即挽留说：“我们没打算以这个价跟你们合作。就按你说的15%，成交？”

厂长伸出手，表示赞同。

事后，张成的同学问他：“他降价降得挺爽快的，你再谈谈，

14%肯定也能拿下来的。”

张成笑着说：“14%他们确实也不吃亏，我事先充分了解过了，15%是他们的底线，要是低于这个价，即使谈成了，到时候做出来的衣服也可能出问题。所以，还是不贪这个心为好呀。”

这让同学恍然大悟，不由得心生佩服。

张成的聪明之处就在于，他没有忽视对方的底线，没有贪心，这让他促成了合作，而这也是张成的贸易公司能迅速发展起来的重要原因。

谈判桌上，如果没有避开“忽略对方底线，过于贪婪”这一误区，会不会和张成的同学一样，希望尽可能地缩小对方的“利益空间”？是不是在已经达到了自己理想目标时还要贪婪地说一句：“我们希望你们能把报价再降低一点”？如果答案是肯定的，我们总是表现出很大的贪心，不妨向张成学习，守住对方的底线，以“双赢”为最终目标。这样我们才能和张成一样，更容易达到目标。

过度贪婪是谈判场上的一大雷区，千万不要因为踩上了它而毁了自己的谈判。当然，我们说不可过度贪婪，并不是指对利益绝对的“大方”，不是说要绝对地退让。而是指要在摸清对方底线的前提下尽可能地争取利益，但也要让别人有利可图。

举个我们日常常见的例子，去买衣服的时候，只要稍有经验，相信你看到衣服的质地时，大概也能估摸到卖家的底线。一番讨价还价后，到了卖家的底线时，如果你还问他“价格能不能再低一点”，这时候，卖家肯定会怀疑你的诚意，甚至直接导致交易破裂。但是如果我们能够探知对方的底线，在接近对方底线时及时“刹车”，那么我们就能用低廉的价格买到自己中意的衣服。

谈判中也是一样，当我们觉得差不多的时候，就别再贪婪地问对方类似“能不能把收购价格再提高一点”“进价太高，我们希望还能更低一点”等这样的问题了。

适可而止，本着“互惠”与“共赢”的原则促成合作，才是谈判高手的选择。要知道，置对方于死地并不是什么好策略。

所以说，谈判场上，差不多的时候，就罢手吧！太贪婪只会让我们搬起石头砸自己的脚。

切记，暴露了自己，就失去了获胜的机会。

利用互惠原理，激发对方回赠的欲望

互惠原理认为：当对方给予了我们恩惠或者帮助时，我们往往会产生愧疚心理，有回赠或回报的欲望。生活中，如能有效地运用互惠原理，那就能促成某种目标的实现。这一原理之所以有这么大的威力，是因为它能在心理上说服别人。

谈判中，如能适当加以运用，也能有效地达到自己的谈判目的。如，当我们主动让出自己的某种利益时，对方心里会有愧疚感，为了消除这种愧疚感，对方往往也会做出相应的让步。如此一来，便能在谈判中达成一致意见，实现双赢的局面。

因此，在商务谈判中，不妨充分运用一下互惠原理，先给出利益。比如，我们可以主动跟对方说："您有什么要求尽管提，我们尽量满足。"在可行的情况下，我们也可以明确地告诉对方，"对于贵公司所提出的××条件，我们将竭诚满足。"这么说能让我们在保证自己利益的基础上赢得对方的信任，让对方看到我们的真诚，进而促成谈判的成功。下面这个事例就能说明这一点。

哈恩代表总公司去收购一家小公司，这家小公司的老板开价为3100万美元，哈恩还价为1800万美元。但是，这家小公司的老板是一个非常强硬的谈判者，不肯做出半点让步，始终坚持要以3100万美元出售自己的公司，并且一分也不会少。

哈恩心里明白，自己还的价是基本价，如果对方稍微让点步，谈判肯定能促成。但事与愿违的是，对方的口气非常强硬，完全不肯松口。正因为如此，谈判一而再再而三地被迫终止。

后来哈恩想，与其继续僵持下去，不如自己先让一步，先给出一定的利益。于是他提出了一个新的收购方案，重新投入谈判时，他告诉这家小公司的老板说："我们提出了一些附加条件，它们能给你们带来不错的利益。您先看一下，如果还有什么其他要求，可以补充，我们会尽力考虑。”

这家小公司的老板一看，发现这些附加条件对自己非常有利。并且，这要比竞争对手的公司被收购时的附加条件好得多。这时候，他一改之前的强硬态度，友好地问道：“我很满意这些条件，但我希望还能增加一些。”

“您希望增加什么样的条件？”哈恩见他态度有所缓和，便保持真诚的态度及时问道。

“希望在我们公司被收购之后，我们还能享有一定的自主决定权。”这位老板回答说。

“当然，这是肯定的，只要是对总公司形象有益的、对咱们的品牌有益的，你们都可以主动去做。当然，如果是其他方面，比如自主决定跟什么样的客户合作，这也是可以的。”哈恩再次表示了自己的诚意。

听到这些，这位老板微笑地说：“能这样的话，那我们很愿意接受贵公司的邀请。我们现在要谈的就是收购价格了。”

“或许您觉得1800万太低了，但事实上，这是一个非常合理的价格，当然，我们是真心希望能促成这场谈判的，所以，如果您觉得1800万太低了，那我也会尽力帮你向总公司再做申请。”哈恩又退让了一步。

这家小公司的老板见哈恩如此坦诚，便不再为难哈恩了，反而爽快地说："那就按照你们所说的价格吧。"终于，双方达成了一致意见，哈恩不负总公司所托，成功地收购了这家小公司。

哈恩能成功收购这家小公司，方法很简单，就是在谈判中主动给出利益——"我们提出了一些附加条件……如果还有什么其他要求，可以补充，我们会尽力考虑""您希望增加什么样的条件""那我也会尽力帮你向总公司再做申请"，让对方信任自己，让对方心理产生一定的愧疚感，进而促成谈判。假如他只是一味地抬高自己的价格以满足对方的要求，那可能就达不到这样的效果；假如他和对方一样强硬，相持不下，那么谈判也就无法促成。可见，给出利益，才能收获利益。本着这样的原则，提出合适的构想，才能促成谈判。

当然，这种给出利益也不是把东西推到对方面前就可以的，还需要充分地运用语言智慧，帮我们达到自己的预期目标。

比如我们可以说："考虑到你们……我们决定给你们一些优惠政策，希望对你们有所帮助，如果你们还有更多的要求，可以及时提出来，我们会尽力帮你们争取到。"

话里话外，都要让对方觉得我们是在为他考虑，让他明显看到，我们给出的利益是巨大的，而且也是向着他们的，这样就更能体现我们的诚意，让对方产生更大的愧疚感。

总之，主动给出利益，才能收获利益。当然，也不能一味地迁就与妥协，比如，假如哈恩说："您的需求我们都会满足。"也许那家小公司的老板就不会在价格上做出让步，反而会想，既然如此，那就3100万吧。所以说，在措辞方面一定要尽力委婉，语言伸缩性、模糊性要强。这样才更有机会在做出一定的退让之后促成谈判，实现共赢。

永远不要忘记向对方表示衷心的祝贺

什么才是成功的谈判？那就是在谈判之后，让对方感觉到他赢了。也许很多人对于这个想法都不敢苟同，但是我们也可以把这种向征服者表示祝贺的做法当成是一种礼节。当我们的对手和我们谈判之后有了这种胜利的感觉，他往往会自鸣得意，忘掉去计较一些小的得失。所以，当我们在谈判结束后，无论我们感觉对方的谈判技巧有多么糟，也要记得祝贺，毕竟尊重对方是谈判的基本要求，如果连这一点都做不到，那么就没有合作的可能和必要。

一个完整的谈判过程，包括开始、进行与结束三个过程。对于这三个过程，一个优秀的谈判者应该会兼顾。谈判开始时会格外注意措辞，谈判过程中会努力掌握好说话技巧，谈判结束时该注意的地方绝不会疏忽。但是，很多谈判者并不优秀，他们对于谈判的开始阶段和进行阶段可能会格外注重，而对于结束时该注意的地方却往往会忽略。

其实，谈判结束后，还有很多话需要说，比如，与对方握手相互表示祝贺，离开时微笑着与对方告别……结束这一环节注意了，有助于我们给对方留一个好印象，即使此次谈判没能促成合作，未能实现共赢，那也能为下次谈判埋下伏笔。

王辉的公司是做服装生产的，最近公司生产的一批旗袍销量很好，王辉希望采购更多更好的布料，以提高这款旗袍的口碑。

经过筛选后，王辉对一家公司的面料很满意，但感觉价格还是有点高，因此他和对方的负责人预约了时间，希望能够进行一次商谈，看能否把价格降下来。

王辉来到这家工厂见到负责人后，拿出自己的采购方案，想告诉对方的负责人，自己采购量大，而且这款旗袍是公司用心设计的，会很快打开知名度，对方的原料也会因为质量的上乘在业界营造出很好的口碑。

但刚等王辉拿出方案，对方的负责人立刻露出了为难的表情，先说道："实在不好意思。让您大老远跑到我们这小工厂。我们公司的布料里加入了蚕丝，所以质量上乘，摸上去手感也很好，这应该也是您看上我们公司面料的原因。"

王辉点了点头。对方负责人叹了一口气，继续说道："但因为今年的蚕丝产量减少，我们能生产的布料也有限。在您打过电话之后，另一家公司以更高的价格和我们签订了采购合同。本来我让秘书把这个消息转达给您的，省得您还得往这儿跑一趟。但我那秘书也是糊涂，居然忘记给您打电话了。"

听到这里，王辉明白今年想从这家工厂大批量采购布料已经不可能了。但王辉没有因为对方没有通知他而生气，也没有因为这次采购失败而表现出很沮丧，而是面带微笑地说："没关系。我们迟了一步。"离开前王辉还与对方负责人握手，友好地说："谢谢您能抽时间来见我。也祝贺您今年的布料卖出了更好的价格，希望明年您的布料一出场能够立刻想起我们，到时候我们可以再次合作。"

对方负责人以为王辉会很生气地离开，没想到他竟然友好地加以祝贺，这给他很大的触动，她回以真诚的微笑，说道："一定。"

第二年，当王辉在公司忙碌的时候，接到了一个电话。去年那家布料公司的负责人亲自给王辉打了电话，告诉他今年的新布料已经出来，请王辉第一个去查看。最后王辉以最公道的价格拿到了他需要的布料，做出的旗袍质感更好，因此更加畅销。

起初，王辉在谈判结束时的一句小小的祝贺、一个友好的握手，给对方负责人留下了深刻的印象，赢得了对方的好感，让对方在第二年第一个想到王辉，并以最合适的价格签订了采购合同，最